나도 수학자가 될 수 있을까?

나도 수학자가 될 수 있을까?

지은이 신항균·황혜정·고호경
펴낸이 조경희
펴낸곳 경문사
펴낸날 2015년 9월 10일 1판 1쇄
등 록 1979년 11월 9일 제313-1979-23호
주 소 121-818, 서울특별시 마포구 와우산로 174
전 화 (02)332-2004 팩스 (02)336-5193
이메일 kyungmoon@kyungmoon.com

값 12,000원

ISBN 978-89-6105-930-5

나도 수학자가 될수 있을까?

: 재미있는 이야기로 보는 위대한 수학자들의 삶 :

신항균 · 황혜정 · 고호경 지음

KM 경문사

머리말

일반적으로 사람들은 수학을 떠올릴 때, 복잡하고 어려운 것으로 생각하고 관심을 가지려 하지 않는다. 그래서 수학에 흥미를 느끼거나 좋아하는 사람을 이상하게 여기고, 수학을 잘하는 사람을 별난 사람으로 여기는 경향도 있는 듯하다. 그렇다 보니 수학자를 일반인과는 다른, 아주 특수한 사람으로 간주하곤 한다. 물론 모든 사람이 수학을 잘할 수 있는 것은 아니고 수학자가 되는 사람들에게 특별한 취미와 재능이 있음을 부인할 수는 없다.

그러나 수학자들의 전기를 살펴보면 그들도 보통 사람들과 같은 생각을 하고 있으며 때로는 정말 엉뚱하거나 약간 우스꽝스러운 모습들을 보이곤 한다. 그래서 이러한 수학자들의 일화를 찾아서 그들을 다시 바라보는 것은 재미있을 뿐 아니라 수학에 흥미가 없던 사람들에게 새로운 흥미를 갖게 할 수도 있다.

역사상 최초의 수학자라 할 수 있는 탈레스는 엉뚱한 호기심으로 다른 사람을 당황하게도 하였지만 자신의 궁금증을 풀기 위해 끊임없이 생각한 끝에, 직접 잴 수 없는 피라미드의 높이를 창의적인 방법으로 계산하기도 하고, 수학을 잘하면 돈도 벌 수 있다는 것을 보여주기 위하여 직접 장사에 나서기도 하였다. 또, 유클리드의 경우, 그리스 당대 최고의 황제인 프톨레마이오스가 수학을 쉽게 배우는 방법이 없겠냐고 묻자 기하학에는 왕도가 없다는 명언을 남기기도 하였다. 3대 수학자라 일컬어지는 아르키메데스는 수학적 지식을 활용한 무기를 만들어 로마 군을 물리치기도 하였다.

그런가 하면 기인의 기질을 가진 수학자 카르다노는 수학적으로 자신이 죽을 날과 시간을 계산하여 예언하고 그것이 맞지 않자 약을 먹고 죽기까지 하였으며, 네이피어라는 수학자는 뛰어난 아이디어로 자신을 괴롭히던 이웃집 비둘기를 잡고, 도둑질한 하인을 찾아내기도 하였으며, 앞으로 나타날 무기들에 대한 예언이 적중하여 전쟁에서 많은 희생자가 나오기도 하였다.

한편, 최고의 수학자 가우스는 어려서부터 신동으로 불릴 만큼 수학에 뛰어났으나 괴팍한 성격으로 사람들과의 관계가 좋지 않았고 치밀한 성격의 소유자로 유머나 인간미가 전혀 없는 것으로 알려져 있다. 그렇지만, 그런 성격의 가우스도 자신의 발견에 대한 어린애 같은 환호와 기쁨을 일기장에 표현하고 있다. 가우스가 타원함수의 가장 아름다운 성질을 발견한 1800년 6월 3일의 일기를 보면 "Felicitas nobis est facta(나의 기쁨은 당연한 것)"라는, 스스로를 아낌없이 칭찬하는 외침으로 끝맺고 있다.

이 책은 수학자들의 업적을 이러한 일화와 더불어 소개함으로써 수학자가 특별한 사람이 아니고 우리들보다 좀 더 많은 호기심과 엉뚱한 생각을 가지고 있으며, 한번 생긴 의문을 풀기 위하여 끈질기게 생각을 거듭하는 사람들이라는 것을 알림으로써 수학에 흥미와 친근감을 갖게 하고자 하였다.

또한 수학자들마다 각각 이룩한 업적들이 있는데, 이와 관련된 문제를 소개하여 독자들이 그것을 풀어 봄으로써 수학자가 발견한 개념과 원리를 보다 잘 이해하고 응용하는 능력을 기를 수 있도록 배려하였다.

이러한 저자들의 생각과 노력이 많은 이들에게 전해져서 수학을 보다 좋아하고 수학의 본질을 정확하게 이해할 수 있는 사람들이 많아지길 기대한다.

2015년 7월 저자 일동

차례

머리말 / 4

세계 최초의 대 수학자
탈레스 10

다양한 재능의 소유자
피타고라스 22

최초의 여성 수학자
히파티아 36

기하학의 아버지
유클리드 46

위대한 수학자
아르키메데스 56

시인으로도 유명한
오마르 하이얌 70

피보나치로 알려진
레오나르도 82

다양한 재능의 소유자
지롤라모 카르다노 96

마술사로 알려진
존 네이피어 106

진리와 오류를 밝힌 실험가
갈릴레오 갈릴레이 118

사색을 즐긴 철학자
르네 데카르트 128

아마추어 수학의 왕자
피에르 페르마 138

수를 사랑한
블레즈 파스칼 148

만들기의 귀재
아이작 뉴턴 162

맹인 수학자
레온하르트 오일러 174

마녀이자 천사인
마리아 아녜시 186

프랑스의 뉴턴
피에르 시몽 라플라스 198

한밤중의 꼬마 수학자
소피 제르맹 208

수학의 황제
카를 프리드리히 가우스 218

인도의 전설적인 수학자
스리니바사 라마누잔 230

문제 풀이 / 242
참고 문헌 / 267

탈레스(Thales, 기원전 약 624년~545년)
세계 최초의 그리스 수학자
피라미드의 높이를 잰 것으로 유명함
일식 등에 관한 천문학 연구

세계 최초의 대 수학자
탈레스

지금까지 세계 각국의 많은 수학자들에 대하여 들어 본 적이 있을 것입니다. 세계 최초로 수학에 관한 증명을 시작한 사람은 누구일까요? 그는 일생 동안 자신에게 '왜', '어떻게'라는 질문을 하며 관찰과 예측을 바탕으로 연구를 하였다고 합니다. 그가 바로 탈레스입니다.

거대한 피라미드의 높이를 재다

탈레스가 이집트에 머물고 있을 때의 일이었습니다. 그는 이집트의 이곳저곳을 여행하다가 우뚝 솟아 있는 피라미드를 보게 되었습니다. 탈레스는 피라미드의 거대함에 놀라 아무 말도 하지 못하였습니다.

피라미드는 원래 '이집트 왕의 무덤'이라고 합니다. 옛날 이집트인들은 인간이 죽어도 그 영혼은 사라지지 않고 육체로 다시 돌아올 것이라고 믿었다고 합니다. 그래서 이집트인들은 왕이 죽었을 때 왕의 영혼이 다시 돌아올 것을 대비하여 왕의 시체를 미라로 만들어 피라미드 속에 소중히 모셔 두었다고 합니다. 피라미드는 기원전 2520년부터 지었는데 하나를 만드는 데에 수만 명의 노예들이 몇 십 년이라는 긴 세월을 보내야 했습니다. 그 중 가장 높은 것이 체옵스 피라미드입니다.

탈레스는 갑자기 그런 거대한 피라미드가 얼마만큼 하늘로 높이 솟아 있는지 궁금하였습니다. 그런데 피라미드의 높이를 실제로 잴 수는 없었습니다. 왜냐하면 꼭대기에 올라가서 밧줄을 아래도 던져 높이를 재려고 해도 경사가 져 있어 정확하게 잴 수가 없었기 때문입니다.

탈레스는 곰곰이 생각하다가 우연히 피라미드의 그림자를 보게 되었습니다. 태양의 움직임에 따라서 탈레스와 피라미드의 그림자 모양이 서서히 바뀌는 것을 발견했습니다. 그 2개의 그림자는 일정한 비율로 변하였으며, 이는 탈레스가 피라미드의 높이를 재는 데 결정적 단서가 되었습니다.

탈레스는 지팡이를 이용하여 가장 거대한 피라미드의 높이를 재기 시작하였습니다. 우선 지팡이를 똑바로 땅에 세우고 지팡이의 그림자와 피라미드의 그림자를 관찰하였습니다. 그리고 지팡이의 그림자와 피라미드의 그림자 끝이 만나는 지점에 지팡이를 세웠습니다. 결국, 탈레스는 다음과 같은 비례식을 세워 무려 146.6m나 되는 피라미드의 높이를 구할 수 있었습니다.

지팡이의 높이 : 피라미드의 높이(알려져 있지 않음)
지팡이 그림자의 높이 : 피라미드 그림자의 높이

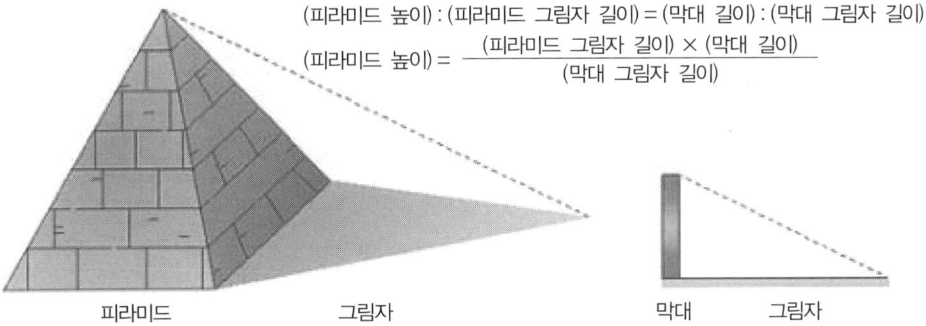

기원전 600년경의 사람들은 대부분의 자연 현상을 미신이나 신화를 이용하여 설명하곤 하였습니다. 그런데 탈레스와 같이, 짧은 시간 동안의 관찰을 통해 간단한 수학 원리를 이용해서 피라미드의 높이를 알아내었다는 사실은 정말 대단한 것이었습니다. 탈레스가 피라미드의 높이를 구했다는 소식은 이집트 전역에 빠르게 퍼졌습니다. 탈레스의 지혜에 모든 사람들이 놀라워했습니다. 그러나 탈레스는 오래전부터 이러한 문제를 해결하는 것을 취미 정도로 여기고 있었기 때문에 본인에게는 그다지 대수롭지 않은 일이었습니다.

일식을 예언한 탈레스

탈레스는 그리스의 식민지인 밀레토스 마을에서 태어났습니다. 어릴 적에는 가게에서 점원으로 일했고, 커서는 독립하여 장사를 할 목적으로 지중해를 건너서 이집트로 가게 되었습니다. 그는 이집트에서 머무르는 동안 수학과 천문학에 관한 책들을 많이 읽게 되었는데, 너무나 흥미로웠던 나머지 밤까지 새워 가며 책을 읽었다고 합니다. 그 후 탈레스는 고향인 그리스로 돌아와서 수학과 천문학의 연구를 계속하였고, 마침내 그는 '세계 최초의 대 수학자'라고 일컬어지는 학자가 되었습니다.

어느 날 탈레스는 아름다운 밤하늘을 바라보며 산책을 하고 있었습니다. 그때 탈레스는 온통 하늘의 별에 대한 생각으로 가득 차 있었기 때문에 발밑에 있던 도랑을 미처 보지 못하고, 그 속에 빠져 버렸습니다. 그만큼 천문학에 대한 관심과 집중력이 뛰어난 사람이었습니다.

탈레스는 최초로 일식을 예언한 사람입니다. 일식이 일어나면 달은 태양과 지구 사이에 위치하게 되고, 이때 달이 햇빛을 가리기 때문에 하늘이 갑자기 밤처럼 어두워지게 됩니다. 그 당시, 아무도 일식을 정확히 예측하지 못하였기에, 일식은 신비롭고도 무서운 것이었습니다.

그 무렵, 탈레스는 태양이 움직이는 패턴을 이용하여 일식에 관한 연구를 시작하였습니다. 그는 "기원전 585년 5월 28일이 되면 태양이 빛을 잃어 갑자기 대낮에 밤이 찾아올 것입니다."라고 예언하였습니다. 그 당시 어느 누구도 탈레스의 말을 믿지 않았습니다. 심지어 그가 미쳤다는 소문까지 돌게 되었습니다. 그런데 이게 어찌된 일일까요? 정확히 5월 28일 대낮에 태양이 차츰 가려지기 시작하더니 갑자기 캄캄한 밤이 찾아와 하늘에 별이 반짝거렸습니다.

그 당시 리디아와 메디아 두 나라는 6년째 전쟁을 벌이고 있었습니다. 그런데 갑자기 세상이 깜깜해지자, 두 나라는 오랜 전쟁 때문에 신께서 노여워하여 생긴 일이라 생각하고 즉시 싸움을 멈추었습니다.

이 사건 이후, 탈레스를 미치광이 취급했던 사람들도 그의 천문학에 대한 해박한 지식에 놀라 그를 훌륭한 학자로 칭송했다고 합니다.

당나귀 꾀보다 한 수 위

탈레스는 여행과 천문학 공부를 좋아했지만, 가끔씩은 생계를 위해 일을 하였습니다. 그의 수입원 중 하나는 밀레투스 근처의 언덕에 있는 염전이었습니다. 탈레스의 일꾼들은 매일매일 소금을 채취해서 언덕 아래로 옮겼고 당나귀에게 그 소금을 실어 시장까지 날랐습니다. 이때 당나귀들은 소금을 싣고 염전과 마을 사이에 있는 작은 강을 건너야 했는데, 강이 깊지 않아 위험하지 않은 곳이었습니다.

그러던 어느 날, 강을 건너던 당나귀가 실수로 발을 헛디뎌 벌러덩 자빠지고 말았습니다. 한참 동안 물속에서 허우적거리던 당나귀가 가까스로 일어났습니다. 당나귀 등에 실렸던 소금은 어떻게 되었을까요? 소금은 바로 강물에 녹아 거의 없어져 버리고 말았습니다. 당나귀는 등 위에 실었던 무거운 짐이 줄어들어 덜 힘들었을 것입니다.

그때부터 당나귀는 그 강을 건널 때면 항상 물에 빠지곤 하였습니다. 탈레스는 사람들을 시켜 당나귀의 다리에 이상이 있는지 살펴보게 하였습니다. 그런데 당나귀의 다리에는 아무런 문제가 없었습니다.

탈레스는 '왜 당나귀가 물속에 들어가기만 하면 넘어질까?'에 대해 계속 생각하기 시작하였습니다. 탈레스는 늘 자신에게 벌어지는 모든 문제나 사건에 대하여 스스로에게

‘왜’, ‘어떻게’라는 질문을 하면서 해결하려고 하였습니다. 그러던 어느 날, 탈레스는 소리쳤습니다.

“아, 맞아. 그거야. 그 놈 제법 영리하군.”

탈레스는 당나귀 등에 소금 대신에 다른 물건을 싣기로 하였습니다. 어떤 물건을 실었을까요? 그것은 바로 솜이었습니다. 그렇다면 탈레스는 소금 대신에 왜 솜을 실었을까요?

당나귀는 그날도 물속에 빠져 허우적거리는 척하다가 일어났습니다. 그런데 이게 웬일입니까? 움직이기도 힘들 정도로 등 위에 실린 짐이 무겁게 느껴졌습니다. 소금은 물에 녹는 성질이 있지만 솜은 물을 빨아들이는 성질이 있는데, 탈레스가 이를 이용한 것입니다. 결국 잔꾀를 부리던 당나귀가 지혜로운 탈레스에게 혼이 난 셈입니다.

판단과 예측으로 돈 벌기

하루는 탈레스에게 친구가 찾아와 충고하였습니다.

“탈레스, 난 자네가 이해가 안 되네. 내가 자네만큼 돈을 가지고 있다면 사업에 성공할 수 있을 텐데. 자네는 돈 벌 생각은 안 하고 딴 생각만 하는 것 같아.”

“자네 말이 맞아. 난 돈 버는 일엔 별 관심이 없다네. 하지만 꼭 돈을 가지고 있어야 돈을 버는 것은 아니야. 자네도 얼마든지 부자가 될 수 있어.”

그 친구는 탈레스의 말에 고개를 흔들며 말하였습니다.

“탈레스, 그건 모르고 하는 소리야. 이 세상은 가난한 사람들에게는 그런 좋은 기회를 주지 않아.”

그 친구는 잘 알지도 못하면서 큰소리치는 탈레스가 미웠습니다. 그 친구가 탈레스에게 자신이 한 말을 증명해 보일 수 있냐고 묻자, 탈레스는 몇 년 안에 반드시 큰돈을 벌어 놓겠다고 약속을 하였습니다.

그 무렵 밀레투스는 몇 년째 날씨가 좋지 않아 올리브 나무에 올리브가 열리지 않았습니다. 탈레스는 하늘을 관측하여 그 다음 해의 날씨가 좋을 것이고 그 덕에 농사는 풍작일 것이라고 예측했습니다. 그래서 올리브유 짜는 기계를 모두 사기로 마음먹었습니다. 흉작이 계속되자 상인들에게 올리브유 짜는 기계는 아무 쓸모없는 쇠 조각에 불과했으므로 탈레스는 헐값에 모두 사들일 수 있었습니다.

다음 해에 올리브는 풍작을 거두게 되었고, 상인들은 돈을 벌기 위하여 다시 그 기계가 필요하게 되었습니다. 하지만 이미 탈레스가 모든 기계를 샀기 때문에 상인들은 돈을 주고 탈레스에게 그 기계를 빌릴 수밖에 없었습니다. 결국 이렇게 하여 탈레스는 많은 돈을 벌게 되었습니다.

하지만 탈레스는 돈을 벌기 위한 목적으로 그렇게 한 것이 아니었기 때문에, 다시 그 기계를 싼값에 팔거나 가난한 사람들에게 무료로 나누어 주었습니다. 탈레스는 친구에게 '주변 상황을 잘 판단하여 그 속에서 어떤 일이 벌어질 것인지 예측할 수 있다면 돈을 벌 수 있다'는 것을 보여주고 싶었던 것입니다.

'최초'에 잘 어울리는 학자

탈레스에 대해 말할 때, 흔히 사람들은 그를 발명가적 기질이 있고, 상상력이 풍부하며, 책략이 뛰어나고, 호기심이 많다고들 합니다. 하지만 탈레스를 이야기할 때 가장 많이 사용되는 단어는 바로 '최초'입니다.

예를 들어, 문제 해결을 위해 연역적인 방법을 최초로 사용한 사람이 탈레스였습니다. 호박을 문질러 정전기를 발생시키기 위한 실험을 최초로 하였던 사람이 바로 탈레스였습니다. 1년이 30일씩 12개월로 360일이 되는 것이 아니라, 365일임을 최초로 제안한 사람도 탈레스였습니다.

또, 탈레스는 이집트의 경험적, 실용적 지식을 바탕으로 하여 최초의 기하학을 확립하였습니다.

> 원은 지름에 의해서 이등분이 된다. (그림 1)
> 이등변삼각형의 두 밑각의 크기는 같다. (그림 2)
> 두 직선이 교차할 때 그 맞꼭지각의 크기는 같다. (그림 3)

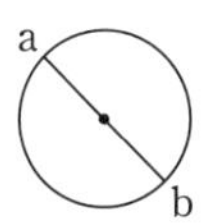

그림 1

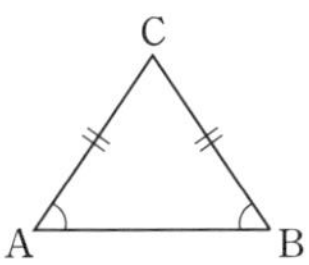

그림 2

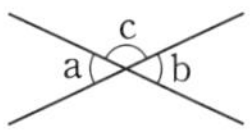

그림 3

$a + c = 180°$
$b + c = 180°$
$a + c = b + c$
$\therefore a = b$

등의 정리를 발견하였습니다.

또, 닮은꼴을 이용하여 해안에서 해상에 있는 배까지의 거리를 측정하였고, 자석이 금속을 끌어당기는 작용도 발견하였다고 합니다. 한편, 탈레스는 만물의 근원을 추구한 철학의 창시자로, 그 근원은 '물'이라고 하였습니다. 물은 생명을 위하여 불가결한 것이며, 이러한 발상은 물이 고체, 액체, 기체의 세 가지 상태로 존재할 수 있다는 사실에서 비롯된 것으로 보입니다. 그래서인지 탈레스를 '물의 철학자'라고도 부릅니다.

탈레스는 일생 동안 자신에게 '왜', '어떻게'라는 질문을 끊임없이 던지며 관찰과 예측에 기초를 두어 연구함으로써 과학과 수학의 발전에 지대한 공헌을 하였습니다.

탈레스가 되어 문제를 해결해 봅시다!

문제 1 맛좋아 피자 가게에서 다음과 같이 피자를 판매합니다. 이 가게에서 피자를 주문하려고 할 때 패밀리 사이즈 1판과 미디엄 사이즈 2판 중 어느 쪽이 더 경제적일까요? (단, 피자의 두께는 모두 같다.)

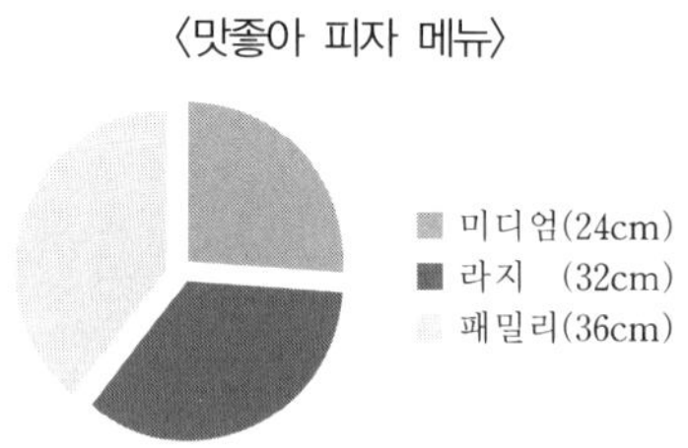

피자 크기	지름	가격
미디엄(Medium)	24cm	17,500원
라지(Large)	32cm	24,500원
패밀리(Family)	36cm	28,500원

문제 2 복은이 동네의 과일 가게에는 반지름이 10cm 정도 되는 멜론이 3개에 10,000원, 반지름이 5cm 정도인 멜론은 7개에 10,000원에 판다고 합니다. 복은이는 어떤 것을 사는 것이 더 경제적일까요?

피타고라스(Pythagoras, 기원전 약 572년~492년)
그리스 수학자
피타고라스 정리를 만들었음

다양한 재능의 소유자
피타고라스

여러분은 이 세상의 가장 근본이 되는 것은 무엇이라고 생각합니까?
옛날에 만물의 근원은 수(number)라고 믿고,
여러 가지 종류의 수를 발견해 내어
이를 바탕으로 수학에 큰 공헌을 한 수학자가 있습니다.
그가 바로 피타고라스입니다.

피타고라스 정리

피타고라스 학파 사람들은 모든 것을 함께 나누었기 때문에, 피타고라스가 발견한 것과 그의 제자들이 발견한 것들을 구별하기가 어렵습니다. 현대 수학의 많은 부분이 그들의 연구에 기초를 두고 있습니다. 피타고라스는 탈레스와 마찬가지로 수학적 증명을 중요시 여겼습니다. 2개의 각이 같아 보인다고 해서 '2개의 각이 같다'고 말할 수 없으며, 2개의 각이 같다는 것을 반드시 입증해야 한다고 믿었습니다.

피타고라스는 다음의 정리를 논리적으로 입증한 최초의 학자로서 매우 유명합니다.

> 직각삼각형에서 빗변의 제곱은 다른 두 변의 제곱의 합과 같다.

위의 정리를 식으로 나타내면 다음과 같습니다.

> 직각삼각형 ABC의 빗변의 길이를 c, 다른 두 변의 길이를 각각 a, b라고 할 때 다음이 성립한다.

$$a^2+b^2=c^2$$

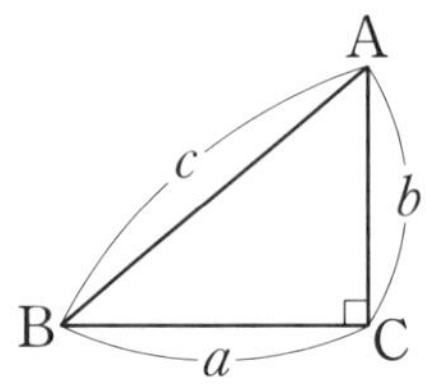

당시 피타고라스가 지내던 사원에는 타일이 깔려 있었습니다. 피타고라스가 바닥을 보면서 직각삼각형의 세 변의 관계를 골똘히 생각하다 우연히 타일에서 직각삼각형을 보게 되었고, 그것에서 실마리를 얻어 피타고라스 정리를 발견하였습니다. 피타고라스는 이 정리를 발견하고는 몹시 기뻐서 황소 100마리를 잡아 신에게 바쳤다고 합니다.

그런데 사실 이러한 피타고라스 정리를 기원전 1000년쯤 중국에서 이미 발견하였다고 합니다. 중국에서는 피타고라스 정리를 '구고현 정리'라 불렀는데 피타고라스가 이 정리를 발견한 것이 대략 기원전 500년쯤이니까 그보다 500년 앞선 것이라 할 수 있습니다. 더구나 신라 시대에 만든 첨성대에 구고현 정리가 이용된 것으로 보아 신라 시대 때 이미 구고현의 정리가 알려졌음을 알 수 있습니다.

또, 이집트의 유명한 수학책 《파피루스》를 보면, 사람들은 기원전 2300년쯤

$$(\text{밑변}) : (\text{높이}) : (\text{빗변}) = 3 : 4 : 5$$

를 이용하여 직각을 만들었다고 합니다. 이집트 사람들은 하프를 만들 때도 3 : 4 : 5의 비를 이용해서 만들었다고 전해지고 있습니다.

그리고 인도에서도 기원전 400~500년쯤 15, 36, 39를 세 변으로 하는 직각삼각형을 만들었는데, 이 직각삼각형도 구고현 정리를 응용한 것입니다.

어느 쪽이 먼저인지가 중요한 것은 아니지만, 우리는 수학을 서양 학문 중심으로 배우기 때문에 학교 수학에서 피타고라스 정리를 다루는 것 같습니다.

탈레스의 제자가 되다

피타고라스는 그리스에 속해 있는 사모스 섬에서 태어났습니다. 어렸을 적부터 영특했던 피타고라스는 이집트와 바빌로니아 등을 여행하면서 많은 경험을 하며, 점차 명성을 얻기 시작하였습니다. 심지어 몇몇 사람들은 피타고라스를 '신의 아들'이라고까지 생각하였습니다. 또, 일설에는 고대 그리스 자연철학의 시초인 탈레스의 제자였다고도

합니다.

어느 날 탈레스는 길을 지나가다 한 소년이 장작을 교묘한 방법으로 지게 위에 쌓아 짊어지는 것을 보았습니다. 탈레스는 그 소년의 손놀림이 예사롭지 않음을 느꼈습니다. 탈레스는 그 소년에게 물었습니다.

"얘야, 내 부탁 하나 들어줄 수 있겠니?"

"그게 뭔데요? 제가 할 수 있는 일이라면 그렇게 할게요."

그 소년은 정중히 대답하였습니다.

"그 장작단을 땅에 내려놓았다가 다시 똑같이 쌓을 수 있겠니?"

"그게 부탁이세요? 그러죠 뭐. 별로 어려운 일도 아닌데."

소년은 장작단을 바닥에 쏟았다가 다시 똑같은 모양으로 지게 위에 쌓아 올렸습니다.

탈레스가 예상한 대로, 그 소년은 무작정 장작을 쌓아 올린 게 아니라 어떤 규칙에 따라 쌓아 올린 것이었습니다. 탈레스는 한눈에 그 소년이 비범하다는 것을 알아차렸습니다. 그리하여 탈레스는 그 소년에게 공부를 해 보라고 권하였습니다. 그것이 계기가 되어 그 소년은 탈레스의 제자가 되었고, 공부를 계속하기 위해 이집트로 유학을 떠나게 되었습니다. 그 소년이 바로 피타고라스입니다.

진리를 깨우쳐 준 피타고라스

하루는 피타고라스가 거리를 지나가다가 남루한 옷차림을 한 채 피곤에 지쳐 앉아 있는 한 소년을 불렀습니다. 그 소년은 피타고라스를 쳐다보며 다소 반항 어린 목소리로 대답하였습니다.

"왜 그러세요? 저는 돈이 없어 아무것도 살 수가 없어요."

"나는 물건을 파는 사람이 아니란다. 나는 진리를 가르치는 사람이지. 그래서 팔 수 있는 것이라고는 진리뿐이란다. 그것을 배우고 싶지 않니?"

그 소년은 '진리를 판다'는 말이 생소하면서도 뭔가 새로운 느낌이 들었습니다. 또, 피타고라스의 인상은 매우 강렬하면서도 전에 만난 적이 있었던 사람처럼 친근하게 느껴졌습니다. 하지만 가족의 생계를 꾸려 나가야 하는 소년에게 진리를 운운하는 것은 사치였습니다.

"아저씨, 진리가 돈도 벌게 해 주나요? 저에게 진리는 어울리는 것 같지 않아요."

피타고라스는 당돌하면서도 한편으로는 천진함을 지닌 소년이 마음에 들었습니다. 피타고라스는 한 가지 제안을 하였습니다.

"내가 너에게 진리를 가르쳐 주면서, 네가 벌어야 하는 만큼의 돈을 주마."

소년은 피타고라스의 엉뚱한 제안을 선뜻 받아들이기가 힘들었습니다. 하지만 결국 두 사람은 다음 날 같은 장소에서 만나 공부를 하기 시작하였습니다. 피타고라스는 자신이 예상한 대로 소년이 놀라운 속도로 지식을 습득하는 모습을 보며 기뻤습니다. 이 소년이 바로 피타고라스의 첫 번째 제자인 필로크라테스이고, 피타고라스는 이때의 경험을 바탕으로 학교를 세워 많은 제자들을 가르칠 수 있었습니다.

만물은 수로 이루어졌다

피타고라스는 이탈리아 남부에 학교를 설립하였습니다. 그 학교는 많은 사람들의 생각과 판단력을 변화시킬 만큼 영향력 있는 곳이 되었습니다. 피타고라스의 교육법은 독특

했습니다. 피타고라스는 커튼 뒤에 숨어서 목소리만 들을 수 있게 강의를 하였습니다. 그 이유는 학생들이 피타고라스의 외양보다는 그가 전달하는 학문 자체에 보다 집중하여 그 가치를 신중히 깨닫게 하기 위해서였습니다. 3년 정도 이러한 과정을 거친 후에야 피타고라스는 본격적으로 학생들과 마주보고 대화를 나누면서 수업을 하였습니다.

피타고라스는 대부분의 문제를 모래 위에서 풀었습니다. 그의 교실 바닥에는 항상 모래가 가득 준비되어 있었습니다. 특히, 여러 도형들을 쉽게 구분하기 위하여 색이 다른 모래를 사용하기도 하였습니다.

피타고라스는 산수와 기하학을 주로 강의하였는데, 천문학과 음악도 종종 가르쳤습니다. 그는 우주의 모든 것은 수(number)에 의존한다고 믿었습니다. 그리하여 피타고라스와 그의 제자들은 "만물은 수이다."라고 하였으며, 수를 이해하면 삶 자체에 대한 열쇠를 얻는 것이라고 확신하였습니다.

피타고라스는 여러 가지 수에 다음과 같은 의미를 부여하였습니다.

1은 신의 수

2는 여성의 수

3은 남성의 수

4는 생산의 수

5는 사랑과 행복의 수

6은 용맹과 발전의 수

특히, 피타고라스는 숫자 5에 큰 의미를 두었습니다. 5는 여성을 상징하는 2와 남성을 상징하는 3이 결합해서 사랑과 행복의 수가 된다고 하였습니다. 또, 5는 절대로 결함이 없고 두려움이 없는 수라 했습니다. 그래서 피타고라스와 그 제자들은 별 모양의 5각형 무늬를 새긴 브로치를 그들 학파의 상징으로 여기기도 하였습니다.

한편, 피타고라스 학파는 모든 수를 짝수와 홀수로 나누었습니다. 약수를 연구하는 과정에서 완전수를 발견하기도 하였습니다. 완전수는 약수 중에서 그 자신을 제외한 약수의 합이 그 자신의 수가 되는 수를 말합니다. 그렇다면, 6은 과연 이 조건을 만족할까요?

6의 약수는 1, 2, 3, 6이고 자신을 제외한 수들의 합이 6이 되므로 6은 완전수입니다. 그 밖에 어떤 완전수가 있을까요? 완전수는 28, 496, 8128, 33550336 등이 있습니다. 그런데 수학이 발달한 오늘날까지도 자연수 중에서 완전수가 총 몇 개인지는 아직 밝혀내지 못하고 있습니다.

비밀단체, 피타고라스 학교

비밀과 신비의 장막이 피타고라스 학파를 감싸고 있었습니다. 보통 학교와 달리 피타고라스 학파에게는 지켜야 할 여러 가지 약속이 있었습니다. 피타고라스와 그의 제자들은 열심히 학문을 닦고 새로운 진리를 밝혀내는 데 여념이 없었습니다. 하지만 한편으로 그들은 우주 만물에 존재하고 있는 진리를 밝혀내는 것은 신에게 도전하는 것일지도 모른다는 생각을 하였습니다. 그리하여 그들은 자신들이 알고 있는 것에 관해 학교 밖의 다른 사람들에게 말을 하지 않기로 약속하였습니다. 만약 이 약속을 어기면, 참혹한

벌을 받기로 하였습니다. 무엇보다 중요한 약속은 발견된 여러 사실들을 개인적인 명예보다는 학파 전체의 명예로 돌리는 것이었습니다. 이에 따라 개개인의 믿음과 발견에 대한 어떠한 기록도 금지되어 있었습니다.

피타고라스 학파의 비밀 연구를 위한 학교는 자신들만의 입문식과 의식을 갖춘 일종의 종교 집단과 유사하였습니다. 그들은 인간의 영혼이 사후에 동물의 몸으로 들어가 다시 태어난다고 믿었기 때문에 동물을 극진히 섬겼습니다. 그들은 불이 진실의 상징이라고 믿었기 때문에 쇠로 불을 지피지 않았습니다. 또, 닭과 콩이 완벽함을 상징한다고 믿었기 때문에 흰 닭을 만지거나 콩을 먹지 않았습니다.

이처럼 이 단체는 무척 보수적인 것 같지만, 일면으로는 매우 진보적이었습니다. 피타고라스 시대에 여자들은 어떤 종류의 사회적 모임에도 참여할 수 없었습니다. 그런데 피타고라스는 학교에 여자들을 기꺼이 맞아들였다고 합니다.

그러던 어느 날, 드디어 사건이 터졌습니다.

"배신자를 당장 바다에 쳐 넣어라."

사람들은 큰 소리로 외쳤습니다.

"저는 배신자가 아닙니다."

히파소스도 그들에 맞서 소리를 질렀습니다.

"히파소스, 너는 피타고라스 학파의 명예를 깨뜨렸다."

무리 중에 지도자가 엄한 목소리로 말하였습니다.

"그저, 난 분수로는 나타낼 수 없는 수가 존재한다는 사실을 증명한 것뿐입니다. 이렇게 중요한 사실을 비밀로 하라는 것입니까? 이건 진리를 왜곡하는 일입니다. 루트 2는 수입니다. 이것은 측량할 때 사용되는 수이지 않습니까? 루트 2는 특별한 길이를 나타냅니다. 한 변의 길이가 1인 정사각형의 대각선의 길이를 정확히 표현할 수 있는 다른 방법이 있습니까?" 히파소스도 단호히 말하였습니다.

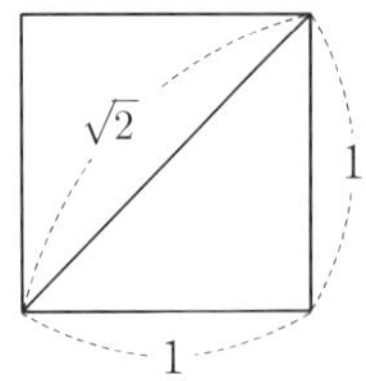

$\sqrt{2} = 1.414\cdots$

배 위에 있던 피타고라스 학파의 무리는 점점 더 분노하기 시작하였습니다. 결국, 히파소스를 배신자로 몰아 처형하였습니다.

그때 당시, 히파소스의 증명이 있기 전까지 모든 피타고라스 학파 사람들은 정수와 정수의 비로 모든 기하학적 대상을 표현할 수 있다고 믿었습니다. 비록 한 변의 길이가 1인 정사각형의 대각선 길이를 나타낼 수 있는 분수를 아무도 찾지 못하였어도, 그들이 아직 찾지 못한 것뿐이지 어떤 정수의 비가 존재할 것이라고 생각하였습니다. 그러던 중 히파소스가 정수가 아닌 루트 2를 발견해 내자 피타고라스 학파는 그 엄청난 사실을 감추고자 하였던 것입니다.

피타고라스 학파가 이렇듯 중요한 수학적 발견들을 이루어 내며 세력이 막강해지자, 사람들은 그 단체에 대해 시기심과 경계심을 갖게 되었습니다. 그러던 어느 날, 피타고라스 학파 사람들이 모여 사는 곳에 불이 났습니다. 그때 불과 몇 명의 사람들만이 살아남았다고 합니다. 피타고라스는 평상시 자신이 숭배하던 신성한 콩밭을 밟지 않으려고 불길을 피하지 않아 결국 목숨을 잃었다는 이야기가 전해지고 있습니다.

피타고라스가 죽고 난 후에도 피타고라스 학파는 더욱 그 규모가 커져서 시실리와 남부 이탈리아까지 퍼지게 되었습니다. 몇 년간 사람들은 피타고라스가 창안한 아이디어들에 관하여 계속 토론하였습니다. 오늘날까지도 기하학과 고등 수학을 연구하는 많은 사람이 피타고라스가 발견한 개념들을 바탕으로 연구를 하고 있습니다.

피타고라스가 되어 문제를 해결해 봅시다!

자연수의 분류

(1) 약수의 개수에 따라서

① 약수의 개수가 1개일 때 : 1

② 약수의 개수가 2개일 때 : 소수

③ 약수의 개수가 3개 이상일 때 : 합성수

(2) 약수의 합을 이용해서 자연수를 분류하는 방법

① 진약수의 합이 자기 자신보다 작을 때 : 부족수

② 진약수의 합이 자기 자신과 같을 때 : 완전수

③ 진약수의 합이 자기 자신보다 클 때 : 과잉수

※ 진약수 : 자연수 N의 약수 중에서 자기 자신을 제외한 약수

문제 3 숫자들은 나름대로 특성이 있습니다. 이 숫자들은 따로 보면 다르지만 어떤 기준으로 보면 공통점을 가지고 있습니다. 1보다 크고 30보다 작거나 같은 자연수를 다음과 같은 기준에 따라 모임으로 만들어 보세요.

수 모임을 만드는 기준		기준에 맞는 수
약수의 개수	홀수 개	<이 수들의 공통점 무엇일까요?>
	짝수 개	
피타고라스 학파의 수 묶기	과잉수	
	완전수	
	부족수	

문제 4 오른쪽 그림은 모눈종이 위에 직각삼각형 ABC의 각 변을 한 변으로 하는 정사각형을 그린 것입니다.

다음 물음에 답하세요.(단, 모눈 1개의 넓이는 1이다.)

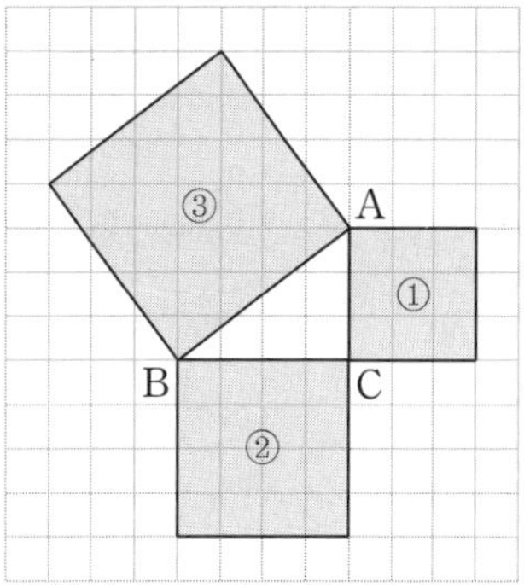

(1) 정사각형 ①, ②의 모눈의 수를 각각 세어 넓이를 구하세요.

(2) 정사각형 ③의 넓이를 모눈을 활용하여 구하세요.

(3) ①, ②, ③의 넓이 사이에는 어떤 관계가 있는지 말하여 보세요.

(4) 직각삼각형 ABC에서 빗변의 길이를 c, 나머지 두 변의 길이를 각각 a, b라고 할 때, 정사각형 ①, ②, ③의 넓이 사이의 관계를 세 변의 길이 a, b, c를 이용하여 나타내어 보세요.

히파티아(Hypatia, 기원후 370년경~415년)
이집트 알렉산드리아 출생
최초의 여성 수학자
대수학을 발전시키고 과학적 도구를 만들었음

최초의 여성 수학자
히파티아

나중에 여러분은 어떤 사람과 결혼하고 싶나요? 훌륭하고 멋진 사람과 결혼하고 싶을 것입니다. 옛날에 여러 명의 학자와 왕족들에게 청혼받았지만, "나는 진리와 결혼했습니다."라고 말하며 학문에만 전념한 멋진 여성이 있었습니다. 그녀가 바로 최초의 여성 수학자라 할 수 있는 히파티아입니다.

진리와 결혼한 히파티아

히파티아는 어린 시절부터 수학과 교수인 아버지의 영향으로 교육적인 환경 속에서 살면서, 질문하고 탐구하는 분위기에 익숙해졌습니다. 그러던 중, 아버지는 우연히 히파티아의 재능과 총명함을 발견하게 되었고, 히파티아가 자신의 재능을 마음껏 발휘하고 가능한 한 완벽한 지식을 가질 수 있도록 도와주었습니다. 아버지는 자신이 알고 있는 모든 것을 히파티아에게 가르쳐 주었을 뿐만 아니라 수학에서부터 예술, 문학, 자연과학 그리고 철학에 이르기까지 다양한 분야를 공부하도록 이끌어 주었습니다.

또한 공부를 하려면 몸이 건강해야 한다고 믿었기 때문에 히파티아와 함께 규칙적인 운동과 식사를 하였습니다. 특히, 아버지는 그녀의 정신에 어울리는 건강한 육체를 가질 수 있도록 식이요법을 개발하기도 하였고 미용체조도 고안하였습니다. 이처럼 아버지는 히파티아의 자상한 아버지로서, 동시에 엄한 교사로서 그녀를 가르치기도 하고 때론 친구처럼 함께 놀아 주기도 하였습니다. 그 덕분에 히파티아는 명석함과 아름다움을 골고루 갖춘 여성으로 자랐습니다.

히파티아는 어렸을 때부터 아버지에게 사람들과 대화하고 토론하는 기법에 대한 가르침을 받았으므로 말솜씨가 남달리 뛰어났고, 외모는 눈부실 정도로 아름다웠습니다. 그리하여 여러 학자와 왕족들이 그녀에게 청혼을 하기도 하였습니다.

하지만 히파티아는

"나는 진리와 결혼하였습니다."

라고 말하며 정중히 거절하였는데, 그녀의 이 한마디는 지금까지도 전해지고 있습니다.

최초 여성 수학자가 탄생하다

히파티아는 알렉산드리아 대학의 수학과 교수인 테온의 딸로 태어났습니다. 그런데 히파티아가 태어난 지 얼마 안 돼 어머니가 돌아가셔서 아버지는 히파티아를 항상 데리고 다녔습니다. 그녀는 대부분의 시간을 아버지의 연구실에서 지내거나 아버지와 함께 알렉산드리아를 여행하곤 하였습니다. 알렉산드리아는 여러 나라의 학자들이 서로의 학문을 나누기 위하여 모여드는 세계적인 학문의 중심지였습니다.

히파티아는 고등 교육을 받기 위해 유학을 떠났는데, 그녀는 가는 곳마다 환영을 받고 귀한 대접을 받았습니다. 일설에 따르면, 히파티아가 10년 이상 여행을 했다고 전해지고 있습니다. 한동안 히파티아는 아테네의 유명하고 전통 있는 학교에 다닌 적이 있었는데, 바로 그곳에서 수학자로서의 명성을 얻기 시작하였습니다.

그 후 고향인 알렉산드리아로 다시 돌아와 대학에서 수학과 철학을 가르쳤고, 그렇게 일생 동안 여러 대학에서 강의를 하면서 지냈습니다. 그녀는 그 당시 참으로 존경받고 인기 있는 교수였습니다. 그녀의 명석함이 세계 곳곳에 알려지자 많은 사람들이 그녀의 가르침을 받기 위해 찾아왔습니다. 그녀의 능력이 얼마나 뛰어났던지 사람들은 그녀의 능력은 신이 내린 것이라고 믿었다고 합니다.

히파티아는 수학에 관한 몇 권의 책을 저술하였으나, 불행히도 파손되거나 없어지는 바람에 연구의 일부분만 남아 있을 뿐입니다. 우리에게 잘 알려진 디오판토스는 대수학에서 1차방정식과 2차방정식을 주로 다루었는데, 히파티아는 디오판토스와는 다른 몇 가지 풀이 과정과 상당수에 이르는 새로운 문제를 제시하기도 하였습니다. 이 부분에 관하여 일부 학자들은 히파티아가 창출해 낸 훌륭한 업적으로 인정해 주었습니다.

한편, 그리스 시대가 막을 내림에 따라 17세기 중반까지 수학자들은 대개 곡선에 대해서는 별 관심을 두지 않았습니다. 그런데 히파티아는 천문학에 관심을 가지고 별에 관련된 많은 연구를 시도하여 이에 관한 책을 서술하였는데, 이런 연구 활동의 대부분은 학생들을 가르치기 위한 교재로 준비된 것이었습니다. 이 책에서 히파티아가 다룬 원뿔곡선에 관한 내용은 데카르트, 뉴턴, 라이프니츠 등의 연구가 나올 때까지 몇 세기 동안 가장 발전된 것으로 남아 있었습니다.

원뿔곡선은 아폴로니우스가 처음 연구한 내용입니다. 원뿔을 잘랐을 때 생기는 단면이 그리는 곡선을 원뿔곡선이라고 합니다. 이 중에서 쌍곡선은 원뿔 2개를 놓고 잘라야 합니다.

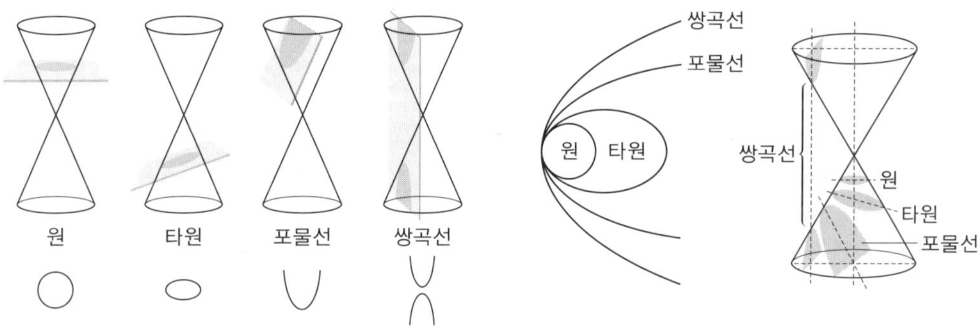

이렇듯 히파티아는 당시의 수학책들 중에서 이해하기가 어려운 내용에 관하여 명료한 설명을 덧붙인 주석을 달았고, 때때로 다른 수학자나 과학자들에게 자문도 해 주었습니다. 물론, 그렇게 편지를 주고받으면서 그녀의 실력도 향상되어 갔습니다. 그 중에서도 특히 유명한 그리스 철학자인 시네시우스에게서 많은 정보를 알게 되었습니다.

한번은 시네시우스가 자신이 하려는 실험이 잘되지 않는다고 하자, 히파티아는 자신이 천문학을 연구하기 위해 발명한 여러 기계들에 대해 알려주었습니다. 그래서 시네시우스는 실험을 성공적으로 끝마칠 수 있었습니다.

또, 그녀는 물을 증류하고 물의 양을 측정하여 액체의 비중을 재는 기계를 발명하였는데, 이것이 바로 물시계입니다.

히파티아는 과학자와 수학자로서 큰 명성을 떨쳤으며, 한편으로는 철학자로도 크게 존경받았다고 합니다. 그래서 한때 주소도 없이 달랑 '철학자에게'라고만 쓰인 편지는 모두 그녀에게 전해졌다는 이야기도 있습니다.

처참한 죽음을 맞이하다

그 당시, 천문학과 점성술은 하나의 과학으로 간주되었고, 수학은 과학과 종교를 결합한 것으로 간주되었습니다. 히파티아의 아버지는 그녀가 어렸을 때부터 이런 원리에 순응하도록 일깨워 주면서 세계에 알려진 모든 종교의 체계와 각 종교가 추구하는 진정한 진리가 무엇인지를 그녀에게 알려 주었습니다. 또한, 이미 축적된 지식뿐만 아니라 지식을 새롭게 형성하고 받아들이는 데 필요한 분별력, 판단력 등에 대해서도 가르쳐 주었습니다. 특히, 어떠한 종교라 할지라도 새로운 진리를 배척하는 종교는 절대로 받아들이지 말라고 강경하게 말하였습니다.

이렇듯 히파티아의 아버지는 그녀가 개방적인 사고 방식으로 무엇이든 생각하고 연구하기를 바랐습니다. 그런 아버지의 영향인지, 그녀는 정부 측에서 종교 지도자들에게 가르치지 말라고 하였던 것까지 가르치게 되었고, 결국 이것은 히파티아를 위험으로 빠뜨리고 말았습니다.

히파티아에게는 오레스테스라는 절친한 친구가 있었는데, 그와 함께 많은 이야기를 나누곤 하였습니다. 그 당시, 알렉산드리아 교회의 대주교는 키릴로스였는데, 그는 오레스테스와 종교적인 신념이 달라 심한 갈등을 겪고 있었습니다. 키릴로스는 오레스테스가 히파티아와 절친한 사이임을 알고, 오레스테스가 자신의 신념을 굽히지 않는 것은 바로 히파티아의 영향 때문이라고 생각하게 되었습니다.

어느 이른 아침에 오레스테스는 다급하게 히파티아를 찾아갔습니다.

"너에게 급히 할 말이 있어!"

히파티아는 깜빡 놀랐습니다. 평소에 그렇게 침착하던 오레스테스의 모습은 온데간데없고, 근심스런 표정으로 그녀를 찾아왔기 때문입니다.

"키릴로스가 무슨 음모를 꾸미고 있는 것 같아. 우리 다시는 못 볼지도 몰라. 어쩜 편지조차 쓸 수 없을지도 모르지. 그저 네가 무사하길 바랄 뿐이야."

히파티아는 무슨 영문인지 잘 몰랐지만 괜찮다고 말하였습니다.

"그렇지 않아. 어제 밤 키릴로스가 도서관에 불을 질렀대. 그래서 귀중한 책들이 다 불에 타 없어졌대."

히파티아는 갑자기 온몸에 기운이 다 빠져나가는 것 같았습니다. 그녀는 순간 그 도서관에서 젊음을 바쳐 학문에 열중했던 많은 사람들을 떠올렸습니다. 얼마 시간이 흐른 후에 히파티아는 말하였습니다.

"오레스테스, 결국 알렉산드리아의 진리의 등불이 꺼지고 말았어."

몇 달이 지난 후, 오레스테스와 키릴로스는 다시 작은 논쟁을 벌였습니다. 이에 화가 난 키릴로스는 상상조차 할 수 없는 끔찍한 생각을 하게 되었습니다. 바로 히파티아를 죽이기로 결심한 것이었습니다. 그는 먼저 히파티아의 모든 가르침이 거짓이라는 헛소문을 퍼뜨렸습니다.

키릴로스의 말이라면 무조건 믿는 광신자들은 너무나 격분하여 히파티아의 긴 머리를 마차에 묶은 채 이리저리 길거리에 끌고 다녔고, 피부가 모두 벗겨진 그녀는 활활 타오르는 불 속에 그녀를 내던져졌습니다. 히파티아의 이러한 처참한 죽음으로 그리스 수학은 종말을 맞게 되었습니다. 그녀의 위대한 정신이 되살아나기 위해서는 1000년이라는 기나긴 세월이 흘러야 했습니다.

오레스테스는 히파티아의 비참한 죽음에 책임감과 분노를 느끼고, 그녀를 죽인 범인들을 잡으려고 무척 애를 써 보았지만, 재판에서는 증거 부족이라는 이유로 '없었던 사건'으로 처리되었습니다.

히파티아가 수학과 과학 분야에 많은 공헌을 하였지만 그 후로 어떤 여성도 최초의 여성 수학자인 그녀에게 관심을 가지지 않았습니다. 이에 대해 몇몇의 역사학자들은 이렇게 말하였습니다.

"히파티아의 끔찍한 죽음이 다른 여성들로 하여금 수학자가 되고 싶어 하는 마음을 빼앗아 갔노라."

히파티아는 최초의 여성 수학자이지만, 전해져 오는 그녀의 생애는 그다지 행복한 것만은 아니었습니다. 그녀의 전설적인 재능과 뛰어난 미모, 온 힘을 다한 연구, 특히 수학과 천문학에 공헌한 업적 등에도 불구하고, 그녀의 파란만장한 인생 역정은 마치 고대 그리스의 비극과 같은 슬픔을 지니고 있었습니다. 하지만 히파티아는 여러 가지 면에서 진정 자랑스러운 여성임에 분명합니다.

히파티아가 되어 문제를 해결해 봅시다!

문제 5 같은 크기의 플라스크 30개가 있는데, 그 중 10개는 우유가 가득 채워져 있고, 10개는 우유가 반만 채워져 있으며, 나머지 10개는 비어 있습니다. 이때, 모양을 구분할 수 없는 상자 3개에 플라스크를 10개씩 나누어 담으려 합니다. 각 상자에 같은 양의 우유를 넣기 위한 방법을 설명해 보세요.

유클리드(Euclid, 기원전 약 330년~275년)

이집트 출생

알렉산드리아 대학 최초의 수학 교수

기하학에 관한 책《원론》13권을 저술함

기하학의 아버지 유클리드

여러분은 도형에 관한 내용을 좋아하나요? 우리가 배우고 있는 도형에 관계된 문제는 거의 2000년 전의 그리스 시대에 완성된 것입니다. 당시 기하학에 관한 내용을 체계적으로 정리하여 《원론》이라는 책을 만든 사람이 있었습니다. 그가 바로 수학자 유클리드입니다.

기하학에는 왕도가 없다

기원전 336년 알렉산더 대왕은 20세의 젊은 나이로 마케도니아의 왕으로 즉위하였고, 그리스를 비롯한 소아시아와 이집트 등을 차례로 정복하면서 그곳들을 통합하여 자신의 이름을 따서 '알렉산드리아'라고 명명했습니다. 그런 알렉산더 대왕이 갑작스럽게 세상을 떠나자 부하였던 프톨레마이오스가 왕권을 차지하게 되었습니다. 프톨레마이오스 왕은 정치와 경제뿐만 아니라 학문 연구와 문화 발전에도 관심을 쏟았으며, 거대한 연구소도 설립하였습니다. 이 연구소에는 박물관, 대강당, 실험실, 동물원, 식물원과 더불어 50만 권이 넘는 장서를 보유한 대형 도서관이 있었습니다.

또 그는 왕궁 근처에 '알렉산드리아 대학'을 설립하였는데, 이것이 바로 세계 최초의 대학이라고 합니다. 프톨레마이오스 왕은 많은 학자들을 알렉산드리아로 불러 자신이 직접 강의를 받기도 하였습니다.

어느 날 프톨레마이오스 왕은 알렉산드리아 대학에 유명한 학자들을 불러 모아 연회를 열었습니다. 물론 유클리드도 불렀습니다. 그런데 그날 왕은 유클리드에게 큰 실수를 하고 말았습니다. 왕은 유클리드가 지은 기하학 책에 대해 극진한 찬사를 보냈습니다. 그러면서 유클리드에게 자신은 왕국을 돌봐야 하므로 매우 바쁘니, 수학을 빨리 이해할 수 있는 방법을 알려달라고 했는데 이게 바로 실수였습니다.

유클리드는 부드럽고 친절하게 대답하였습니다.

"전하, 이집트에는 두 가지 길이 있습니다. 하나는 왕을 위한 길이고 또 하나는 평민을 위한 길이지요. 그러나 아무리 전하가 왕이라 하여도, 기하학에는 왕도(王道)가 따로 없습니다. 오직 열심히 노력하는 길, 그것 하나만 있을 뿐입니다."

돈과 바꿀 수 없는 지식

기원전 330년경 유클리드는 시리아의 지루에서 출생하였으며, 아버지는 노크라테스라고 하는 다마스쿠스 출신의 그리스인이었습니다. 유클리드가 태어났던 때는 아리스토텔레스와 메네쿰스의 시대였고, 아테네가 문화의 중심지였습니다. 그래서 노크라테스 부부는 아들에게 좋은 교육을 시키기 위해 유클리드를 아테네에 있는 플라톤 아카데미에서 학교 교육을 받게 하였습니다. 머리가 좋은 유클리드는 그 교리와 이치를 능통히 깨우쳤는데, 특히 수학에 비범한 재능을 발휘하였습니다.

유클리드는 젊은 시절에 부유한 집안의 어떤 학생에게 기하학을 잠시 가르쳤습니다. 조각가가 꿈인 그 학생은 돈을 많이 벌어서 세계를 여행하며 많은 것들을 직접 보고 체험하고 싶어 했습니다. 그런데 이 학생은 유클리드에게 첫날부터 큰 실수를 했습니다. 유클리드가 가장 중요하면서도 기초적인 기하학 내용을 설명해 주었을 때 그 학생은 다음과 같은 질문을 하였습니다.

"이것들을 배우고 나면 제게 어떤 이득이 생기나요?"

그러자 유클리드는 그 학생에게 동전 3개를 주면서 말하였습니다.

"자, 받아라. 넌 네가 배우는 모든 것으로부터 어떤 이득을 얻어야 한다고 생각하는 사람이니 이것이나 받으렴."

유클리드는 조용히 그 학생을 꾸짖은 셈입니다. 이 이야기의 교훈은 무엇일까요? 공부한 것에 대하여 바로 어떤 이득을 얻으려고 하지 말라는 뜻입니다. 왜냐하면 공부한 내용이 우리 머릿속에 쌓이게 되어 지식이 생기게 되고, 그것이 바로 값진 재산이자 이득이기 때문입니다.

기하학 원론

유클리드는 제자들과 함께 그리스 아테네에 위치한 플라톤 아카데미에서 연구를 했는데, 프톨레마이오스 왕이 알렉산드리아 대학의 수학 책임자로 그를 초빙하여 이집트로 옮겨 연구 활동을 하게 되었습니다. 오늘날까지 유명한《원론(*Elements*)》도 이때 저술한 것입니다. 활자가 발명된 이후 가장 많이 출판된 책이 성경이라고 합니다. 그 성경 다음으로 많이 출판된 책이 바로 유클리드의《원론》이라고 합니다. 유클리드는 기하학을 대표하는 그리스 수학자 중 한 사람이자, 지금까지도 '기하학의 아버지'라고 불리고 있습니다.

우리가 학교에서 배우고 있는 수학 교과서에 제시된 도형에 관한 대부분의 설명이나 문제는 거의 그리스 시대에 완성된 것입니다. 즉, 유클리드의《원론》에 제시되어 있습니다. 한마디로《원론》은 플라톤의 수학 이론을 기초로 그 이전의 수학 내용을 집대성하여 상당히 엄밀한 이론 체계를 구축하였습니다.

《원론》에는 기본적인 가정에서 출발하여 명제들을 차근차근 증명해 나가는 방법이 전개되어 있으며, 모두 13권으로 이루어져 있습니다.

유클리드의《원론》내용은 플라톤적인 철학 연구 방법에 영향을 받은 것이라, 주로 추상적이고 형식적인 관점으로 접근되었으며, 실용적이고 응용적인 측면은 제외되었습니다.

현재 유클리드가 직접 쓴 그리스어의 원본은 전해지지 않으나, 아라비아어를 통하여 후대에 전해져 세계 각국에서 번역하여 수학 교과서로 활용하여 왔습니다. 옛날에는 유클리드가 쓴《원론》이외에는 교과서가 없었기 때문에 유클리드를 사람 이름이 아닌 책 이름으로 착각하는 사람까지 있었습니다. 유클리드의 기하학은 로바체프스키의 비유클리드 기하학이 나올 때까지 유일한 기하학의 표준이 되었습니다.

제1권	직선, 각, 삼각형
제2권	도형의 넓이
제3권	원의 성질
제4권	정다각형을 원에 내접, 외접시키는 방법
제5권	비율, 비례식
제6권	닮은꼴 도형
제8권	수의 비율
제7권, 제9권	약수, 배수, 홀수, 짝수, 홀수, 완전수
제10권	무리수
제11~13권	공간기하

유클리드가 되어 문제를 해결해 봅시다!

유클리드 호제법

유클리드 《원론》 제7권에는 2개 이상의 정수의 최대공약수를 찾는 방법을 시작으로 해서, 그 방법을 두 정수가 서로소인지 아닌지를 알아내는 데 이용하는 내용까지 담고 있습니다. 나머지를 이용하여 서로를 계속해서 나누어 가는 방법을 호제법이라고 부릅니다.

(1) $A/B = C \cdots D$ (C는 몫, D는 나머지)

(2) $B/D = E \cdots F$

(3) $D/F = G \cdots H$

$\vdots$

$P/R = S \cdots 0$

이렇게 나머지가 0이 될 때의 나누는 수인 R이 A와 B의 최대공약수입니다.

문제 6 유클리드 호제법을 이용하여 1254와 540의 최대공약수를 구하세요.

도형으로 방정식 풀기

넓이를 이용한 유클리드의 1차방정식 $ax=bc\ (a\neq 0)$를 풀어 봅시다.

$ax=bc\ (a\neq 0)$인 방정식은 bc를 주어진 넓이, a를 주어진 선분, x를 미지의 선분으로 보고 주어진 넓이와 한 변을 가진 직사각형을 만드는 문제입니다.

선분 AB의 연장선 위에 넓이가 bc인 직사각형 ACDE를 만들어 x를 구하는 작도 과정은 다음과 같습니다.

- 아래 그림과 같이 길이가 a인 선분 BA를 그리고, 그 옆에 넓이가 bc인 직사각형 ACDE를 그린다. (이때, 직사각형 ACDE의 가로 길이는 b, 세로 길이는 c이다.)
- 점 B를 지나는 AB의 수선과 DE의 연장선이 만나는 점을 F라 한다.
- 점 F와 점 A를 지나는 직선과 선분 DC의 연장선이 만나는 점을 G라 한다. 선분 AB의 평행선이 점 G를 지나가도록 긋고, 이 선분이 선분 FB와 선분 EA의 연장선과 만나는 점을 각각 H, J라 한다. 이때 $x=\overline{CG}=\overline{AJ}=\overline{BH}$이다.
- 합동인 삼각형 FHG와 FGD에서 같은 넓이(즉, 삼각형 FBA와 삼각형 FAE)를 빼면, 직사각형 ABHJ, ACDE를 얻기 때문에 이들 직사각형의 넓이는 같다.

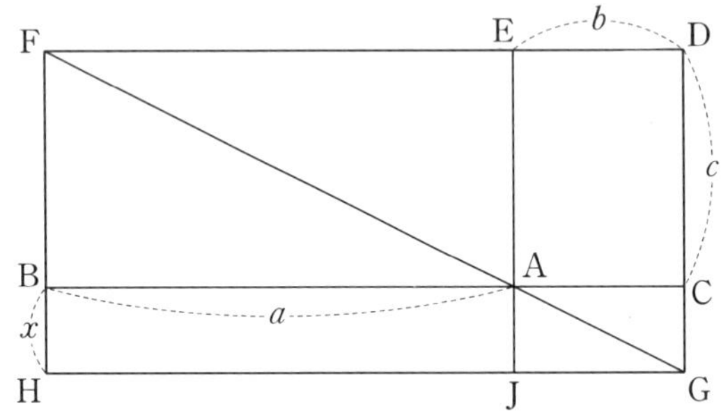

문제 7 앞의 예시와 같이 도형의 넓이를 이용해서 1차방정식 $2x = 3 \cdot 7$의 x를 구해 보세요.

아르키메데스(Archimedes, 기원전 287년경~212년경)

고대 그리스 수학자

지렛대의 원리를 발명함

"유레카(알아냈다)!"라고 외친 것으로 유명함

위대한 수학자
아르키메데스

옛날에 아이디어가 문득 떠오르자 너무도 기쁜 나머지 몸에 옷 하나 걸치지 않은 채 거리를 활보한 사람이 있었다는 말을 들은 적이 있나요? 그가 바로 고대 그리스의 유명한 수학자인 아르키메데스입니다.

발가벗고 '유레카'를 외치다

어느 날 헤론 왕이 아르키메데스를 급하게 찾았습니다.

왕이 신하에게 순금으로 금관을 만들도록 하였는데, 아무래도 그 금관에 은이 섞여 있는 것 같았습니다. 그런데 그 왕관의 무게는 왕관을 만들라고 준 순금 덩어리의 무게와 같았습니다. 결국 왕은 그 문제를 해결하지 못하고 아르키메데스를 부른 것입니다.

왕은 신하가 자신을 속인 것 같아 화가 나서 아르키메데스가 문제를 빨리 해결해 주길 원하였습니다. 며칠 동안 그 문제를 골똘히 생각하던 어느 날, 아르키메데스는 우연히 목욕탕에 들어갔습니다. 그런데 그때 갑자기 머릿속에 뭔가가 번뜩 스쳤습니다. 바로 물속에서는 자기 몸의 부피에 해당하는 만큼 무게가 가벼워진다는 사실을 발견한 것이었습니다.

아르키메데스는 너무나 흥분한 나머지 옷도 입지 않은 채 길거리로 뛰어나와 "유레카(알아냈다)! 유레카(알아냈어)!"라고 외치며 집으로 달려갔습니다. 아르키메데스가 목욕탕에서 알아낸 사실과 금관 문제 사이에 어떠한 관계가 있을까요?

아르키메데스는 부력이라는 자연의 법칙을 발견한 것인데, 이는 부피가 크면 클수록 부력이 더 커진다는 것입니다. 즉, 무게가 같더라도 부피가 큰 물체는 부피가 작은 물체보다 부력이 커서 물 위에 더 쉽게 뜨게 됩니다.

만약 30cm 자와 10원짜리 동전의 무게가 같다고 합시다. 그러면 물속에서 어떤 것이 더 높이 뜰까요? 자는 동전보다 부피가 더 크기 때문에 쉽게 뜨고, 동전은 가라앉게 됩니다.

그 가짜 왕관과 같은 분량의 순금 덩어리를 물속에 넣어 보니 가짜 왕관이 더 높이 떠올랐습니다. 가짜 왕관에 섞여 있는 은의 부피가 더 커서 그만큼 부력도 크기 때문입니다.

이것이 바로 그 유명한 '아르키메데스의 원리'라고 합니다.

하지만 아르키메데스가 옷을 하나도 걸치지 않고 거리를 활보한 것은 사람들을 너무나도 놀라게 할 만한 일이었습니다. 그래서 그때부터 그의 별명은 스트리커(streaker, 벌거벗고 달리는 사람)가 되었습니다.

도형 측정에 관한 연구

아르키메데스는 고대 그리스의 식민지였던 시칠리아의 시라쿠사에서 천문학자인 페이디아스의 아들로 태어났습니다. 그는 당시 학문의 중심지였던 이집트의 알렉산드리아에 있는 왕립학교에서 잠시 공부하였습니다.

아르키메데스는 헤론 왕의 문제를 해결해야 할 때 말고는 줄곧 수학과 관련된 연구에 몰두하였습니다. 당시 수학자나 과학자들은 이론에만 치중하고 그것을 현실에 응용하는 일을 중요하게 생각하지 않았습니다. 그러나 아르키메데스는 이론적 연구에만 치중하지 않고 사물을 관찰하고 사고하는 습관을 길렀습니다. 또, 자신이 고안한 것들을 현실에 응용하려는 의지가 강했습니다.

그는 알렉산드리아에서 공부하는 동안 각지를 돌아다녔습니다. 그러던 중, 산 정상에 올라가지 않고도 산의 높이를 계산하는 방법을 생각해 내기도 하였습니다.

특히, 아르키메데스는 원에 관심이 많았습니다. 이러한 연구는 곡선, 구, 나선형 등에 관한 연구로 이어졌습니다. 어느 날 그는 원의 둘레와 지름의 관계에 대해 연구하기 시작하였습니다. 그래서 원의 둘레와 지름과의 비율을 조사하기로 하였습니다.

이 수치를 구하기 위하여 옛날부터 얼마나 많은 수학자들이 고심을 했는지 모릅니다.

많은 수학자들은 일반적으로 원의 내접 정다각형 또는 외접 정다각형의 둘레를 이용하여 원주율값을 구하였는데, 원주율의 수치는 날이 갈수록 점점 더 정확해졌습니다. 아르키메데스 역시 원주율을 구하는 연구를 하였습니다.

아르키메데스는 원 안에 정96각형을 그리고 원을 둘러싸는 다각형을 그려서 비율을 구하려고 하였습니다. 많은 실험을 거쳐 그 비율이 $\frac{22}{7}$ 보다는 작고 $\frac{23}{71}$ 보다는 크다는 것을 알게 되었습니다. 이는 현재 우리가 알고 있는 파이와 아주 근접한 수치입니다.

또, 아르키메데스는 구의 부피를 계산하는 방법을 알아내었습니다. 그는 구의 부피는 구를 둘러싼 가장 작은 크기의 원통의 부피의 $\frac{2}{3}$ 라는 사실을 알아내었습니다. 그는 이것을 발견하고 너무도 기쁘고 자랑스러운 나머지, 자신이 죽으면 묘비에 구와 원통의 모형을 새겨 달라고 부탁까지 하였습니다.

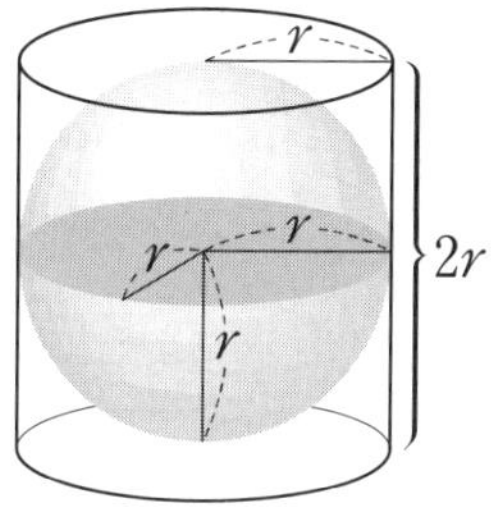

지렛대만 있으면 지구도 움직일 수 있다

아르키메데스는 왕립학교에서 잠시 공부하였으나, 다시 고향인 시라쿠사에 돌아와 헤론 왕과 그의 아들 겔론의 도움으로 연구에 전념하였습니다. 헤론 왕은 이론과 실험 모두에 능한 아르키메데스를 무척 신뢰하였습니다.

어느 날, 헤론 왕은 이집트 왕에게 호화 유람선을 선물하기 위하여 멋지고 웅장한 배를 만들도록 신하들에게 주문하였습니다. 그런데 배를 너무나 크게 만든 탓인지 꼼짝도 하지 않아 옮길 수가 없었습니다. 멋지고 화려하게 만드는 데만 신경을 쓰고 배를 바다에 띄울 방법은 생각하지 않았기 때문입니다.

그래서 왕은 평상시 신임하고 있던 아르키메데스를 불렀습니다. 그동안 아르키메데스는 이 세상의 어떤 무거운 물건도 지렛대의 원리를 이용해서 움직일 수 있다고 장담하여 왔습니다. 지렛대의 원리란 간단히 말해서 받침점부터 물체까지의 거리와 물체의

무게가 반비례한다는 것을 말합니다.

왕은 아르키메데스를 시험해 보기 위하여, 가뜩이나 거대한 배에 일부러 물건과 사람을 가득 실었습니다. 아르키메데스는 사흘 동안 고민한 끝에 지렛대와 도르래, 로프로 배를 움직이게 만들었습니다. 배 근처에 나무 기둥 하나가 서 있었고, 위에는 줄과 도르래가 달려 있었습니다. 그리고 바다까지 통나무들이 깔려 있었습니다. 아르키메데스는 자신 있는 목소리로 왕에게 줄을 잡아당겨 보라고 권하였습니다. 왕이 줄을 잡아당기자 그 거대한 배가 조금씩 움직이더니 천천히 물속으로 들어가 움직이기 시작하였습니다. 그곳에 모여 있던 사람들은 모두 깜짝 놀라며 탄성을 질렀습니다.

이때, 아르키메데스는 '적당한 장소만 주어진다면 지구라도 움직여 보일 것입니다.'라고 혼잣말을 했다고 합니다.

세상에 있는 모든 모래알 수 헤아리기

어느 날 아르키메데스는 바닷가를 거닐다가, 바닷가에 있는 모래알이 얼마나 많은지 그 개수가 궁금해졌습니다. 그 당시 사람들은 모래알을 일일이 셀 수도 없고, 또 그만큼 큰 수는 존재하지 않는다고 믿었습니다. 그런데 아르키메데스는 큰 수에 관한 호기심이 발동하였고, 지구상에 있는 모든 모래알의 수를 세어 보기로 작정하였습니다.

먼저, 아르키메데스는 모래알 몇 개가 있어야 작은 열매 씨 하나의 크기에 해당하는지 셌습니다. 또, 작은 열매 씨 몇 개가 있어야 사람 손가락 하나의 크기에 해당하는지 셌습니다. 그는 또 손가락 몇 개가 있어야 운동장 크기에 해당하는지 셌습니다. 이러한 방식으로 계속 계산하여 결국 이 지구상의 모래알 수가 10의 63제곱 개임을 알아내었습니다.

이것은 아르키메데스가 지수를 사용하여 큰 수를 나타낸 새로운 방법입니다. 지수는 한 숫자가 몇 번 자신에 의해 곱해지는가를 나타내기 위해 사용됩니다. 위에서 지수는 63인 셈입니다. 그때부터, 막연히 '어떤 수가 너무 크다'고는 말할 수 없게 되었습니다.

죽음 앞에서도 기하학 문제를 풀다

아르키메데스가 70세가 넘는 고령이 되었을 무렵, 그의 고향인 시라쿠스는 로마군의 공격을 받게 되었습니다. 그래서 그는 시라쿠스를 구하기 위해 각종 무기를 만들었습니다.

아르키메데스는 거대한 투석기를 발명하여 무거운 돌이 적군의 배에까지 날아갈 수 있도록 하였습니다. 또, 도르래의 원리를 이용하여 무거운 돌을 가까이 오는 적군의 배에 떨어뜨렸습니다. 그 밖에도 여러 가지 신형 무기를 고안하여 로마군에 당당하게 맞섰습니다.

아르키메데스가 발견한 무기들이 얼마나 신기하고 위력이 세었는지 성벽 위에 밧줄만 살짝 걸쳐 놓아도 로마 병사들이 새로운 무기인 줄로 착각하고 기겁하여 달아났다고 합니다. 그렇다고 아르키메데스가 무기만 만든 것은 아닙니다. 전쟁 중에도 그가 평소에 좋아했던 기하학 연구를 결코 게을리하지 않았습니다.

결국 시라쿠스가 로마군에게 함락되던 기원전 212년 어느 날, 로마 장군은 아르키메데스를 생포하라고 명을 내렸습니다. 왜냐하면 비록 아르키메데스 때문에 로마가 예상보다 쉽게 승리하지는 못하였지만, 아르키메데스의 지략과 위대함에 감탄하였기 때문입니다.

그날도 어김없이 아르키메데스는 평소에 하던 대로 땅바닥에 앉아 모래 위에 도형을 그리며 기하학 문제를 푸는 데 몰두하고 있었습니다.

그때, 로마 병사가 쫓아와 그의 목에 칼을 들이대며 체포하려 하자, 아르키메데스는 그 병사를 쳐다보지도 않고 말하였습니다.

"햇빛 가리지 말게. 내가 문제 풀고 있는 것 안 보이나? 조금만 기다려 주시오. 이 증명만 마치고……."

그러자 화가 난 로마 병사는 아르키메데스의 말이 끝나기도 전에 그 자리에서 죽이고 말았습니다.

위대한 수학자인 아르키메데스는 마지막 숨을 거둘 때까지도 배움을 향한 열정을 버리지 않았습니다. 비록, 아르키메데스가 시라쿠스를 도와 로마를 곤경에 처하게 한 적군이긴 하지만 로마 장군조차도 아르키메데스의 죽음을 안타깝게 생각하고 그의 죽음을 애도하는 뜻에서 그의 유언대로 그의 묘비에 구와 구에 외접하는 원기둥 모양을 새

겨 넣었다고 합니다.

그가 죽은 지 약 2000년이 지난 1670년, 영국에서는 아르키메데스 유작 전집을 출간하였습니다. 이는 아르키메데스가 남겨준 소중한 유산입니다.

아르키메데스가 되어 문제를 해결해 봅시다!

무게중심

> 아르키메데스는 이렇게 말했다고 합니다.
> "나에게 지렛대와 지탱할 수 있는 장소만 준다면, 지구도 움직일 수 있다."

아르키메데스의 말은 정말 사실일까요? 지구의 무게가 6조 톤의 10억배, 즉 6×10^{24} kg이라는 사실을 이용하여 지구를 1cm 올리려면 얼마나 긴 장대가 필요할지 추측해 봅시다.

몸무게가 60kg인 사람이 지구를 들어 올린다고 가정할 때, 받침대에서 지구까지의 거리를 x, 받침대에서 사람까지의 거리를 y라고 하면 지레의 법칙에 의하여

$$(6\times10^{24})\times x=60\times y$$

가 성립합니다.

이를 풀면 $y=x\times10^{23}$, 즉 받침대에서 지구까지의 거리의 10^{23}배나 되는 장대가 필요한 것입니다. 이 장대로 지구를 1cm 들어 올리려면 사람은 장대를 10^{23}cm나 내려야 합니다.

이때, 1초에 1m씩을 내린다고 가정하면 1시간에 3600m, 1년에 $3600\times24\times365=31536000\fallingdotseq3\times10^{7}$m를 내릴 수 있습니다.

10^{23}cm, 즉 10^{21}m를 1년에 3×10^{7}m씩 내린다고 하면

$$10^{21}\div(3\times10^{7})=\frac{1}{3}\times10^{14}\fallingdotseq0.3\times10^{14}=30\times10^{12}$$

입니다. 즉 30조 년의 시간이 걸린다는 사실을 알 수 있습니다.

따라서 지구를 들어 올려 보겠다는 아르키메데스의 호언장담은 아주 힘든 일이며, 그때 당시 지구의 무게를 정확히 알 수 없어 그런 얘기를 할 수 있지 않았을까 하는 추측을 해 볼 수 있습니다.

문제 8 (1) 아래 그림과 같이 몸무게가 24kg인 형주와 몸무게가 36kg인 형식이가 시소 위에서 서로 평형을 이루고 있습니다. 받침대는 시소의 어느 위치에 있어야 하나요?

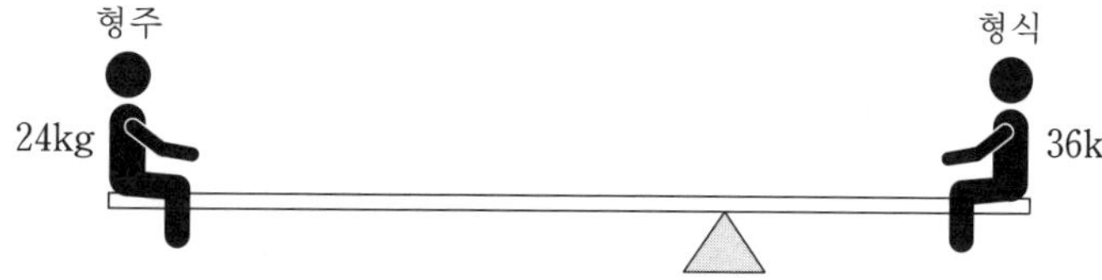

(2) 아래 그림과 같이 몸무게가 20kg, 30kg인 두 자녀 A, B와 아빠 C가 시소에 앉아 평형을 이루고 있습니다. 아빠 C의 몸무게는 몇 kg일까요?

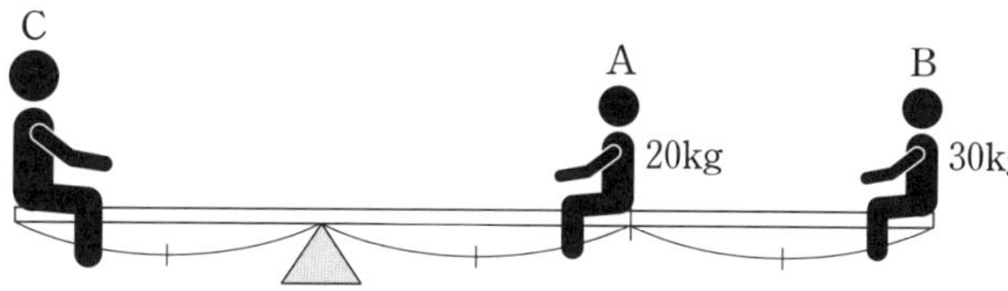

오마르 하이얌(Omar khayyám, 1040년~1123년)

페르시아 수학자, 천문학자

시인으로도 유명

기하학적으로 3차방정식의 해를 구함

시인으로도 유명한 오마르 하이얌

만약 지금 우리에게 달력이 없다면 어떤 일이 생길까요? 여러 가지 불편한 점이 많을 것입니다. 옛날에 달과 별의 위치를 자세히 관찰하여 달력을 만들어 낸 사람이 있었습니다. 그가 바로 오마르 하이얌입니다.

시인 오마르

오마르 하이얌은 유럽과 미국에서는 시인으로 더 유명하였습니다. 사실 서양에서는《루바이야트(*Rubaiyat*)》의 저자로 가장 잘 알려져 있습니다. '루바이야트'란 페르시아어로 4행시라는 뜻의 단어 '루바이'의 복수형입니다. 오마르가 쓴 시는 모두 1000여 편에 이르는 것으로 알려져 있습니다. 오마르의 시는 대부분 낭만적이긴 하지만 신비주의적 요소는 보이지 않고 자유주의, 합리주의에서 비롯된 무신론적인 색채가 짙게 나타나 있습니다. 또, 과거와 미래에 집착하지 않는 현실주의적 성향이 두드러져 있습니다.

다음은 오마르의 시 중 일부입니다.

> 아! 잔을 채워라 — 반복해야 무슨 소용이 있으랴
> 시간은 우리의 발 아래를 빠져 나가고 있다
> 태어나지 않은 내일, 죽어 버린 어제
> 오늘이 달콤하다면 어제와 오늘에 대해
> 초조해할 이유가 무언가!
> 한순간을 완전히 탕진해 버리고
> 한순간, 삶의 우물 맛을 보고
> 별들은 지고 있고
> 대상은 무의 새벽을 향해 출발한다
> 오! 서둘러라

이것이 1800년대 중반에 처음으로 영어로 번역되었을 때 유럽과 미국 전역에 걸쳐 많은 독자들에게 큰 감명을 주었습니다. 오마르의 시집은 오늘날까지도 페르시아 문학과 영문학에서 매우 중요한 위치를 차지하고 있습니다.

세 친구의 우정이 깨지다

오마르는 페르시아에서 태어났습니다. 사실, 오마르는 '하이얌'이라는 자신의 이름을 썩 좋아하지 않았습니다. 하이얌은 천막을 만드는 사람을 의미했으며, 그것은 곧 가족들의 생업을 상징적으로 나타낸 것이기도 하였습니다. 어렸을 때부터 오마르는 그런 가업이 자신의 성격과는 맞지 않는다고 생각하였습니다. 오마르는 공부하는 것을 좋아하였고, 자신의 성격과도 잘 맞는다고 생각하였습니다.

어렸을 때부터 오마르, 하산, 니잠은 단짝 친구였습니다. 그들은 나쉐퍼에 있는 아이남 모와팩 선생님의 제자라는 사실이 자랑스러웠습니다. 그 당시 페르시아 사람들은 아이남 선생님의 제자들은 훌륭한 가르침을 받았으므로 행운을 얻을 수 있을 것이라 믿고 있었습니다. 하지만 아쉽게도 아이남 선생님은 이미 85세의 고령이었습니다. 그래서 세 친구들은 선생님으로부터 배울 수 있는 것들을 최대한 열심히 배우기로 결심하였습니다.

어느 날, 하산이 오마르와 니잠에게 말하였습니다.

"우리 약속하는 게 어때?"

"무슨 약속?"

오마르와 니잠은 놀란 듯이 물었습니다.

"이 다음에 우리들 중 누구라도 명예나 권력이나 많은 재산을 갖게 되면, 셋이서 나누어 갖기로 하자."

오마르와 니잠은 하산의 제안에 기꺼이 동의하며 서로의 어깨를 힘껏 끌어당겼습니다.

어느 덧 시간이 흘러 그들은 성장하였고, 그 사이 연락이 끊기게 되었습니다. 이들 중 제일 먼저 명성을 얻게 된 것은 니잠이었습니다. 그는 이슬람 군주에게 발탁되어

중요한 관직을 맡게 되었습니다. 특히, 그는 사람들을 요직에 임명하는 막강한 권한을 가지게 되었습니다.

니잠은 친구들과의 약속을 잊지 않고 있었습니다. 그래서 니잠은 오마르에게 연락을 하였습니다. 그리고 오마르에게 어떤 관직을 원하는지 물었습니다. 오마르는 니잠의 제안에 무척 기뻤고 좋은 기회라고 생각하여 잠시 귀가 솔깃하였습니다.

하지만 오마르는 역시 부유함과 권력을 움켜쥐는 것보다는 자유롭게 공부하고 글을 쓰는 것이 더 행복한 일이라고 생각하였습니다.

"생각해 줘서 고맙다. 친구야, 네 제안은 매우 고맙지만 그런 일은 나에게 어울리지 않아."

"제발, 오마르! 그럼, 그런 것 말고 너를 위해 내가 해 줄 수 있는 일이 뭐 없을까?"

오마르는 잠깐 생각을 하고 나서 말하였습니다.

"네가 나에게 해 줄 수 있는 일이 한 가지 있긴 있어. 내가 연구할 수 있는 조그만 공간을 마련해 줄 수 있겠니? 거기에서 나는 과학에 대해 연구하고 싶어."

니잠은 오마르의 요구를 흔쾌히 들어주었습니다. 니잠은 오마르에게 매달 꼬박꼬박 연구비도 주었습니다. 그러면서도 니잠은 연구에 간섭하거나 성과를 내라고 강요하지 않았습니다. 이것은 오마르에게는 너무나 큰 행운이었습니다. 왜냐하면 생계 걱정 없이 자신이 알고 싶은 것에 대해 마음껏 연구하고, 글도 쓸 수 있다는 것은 너무나 행복한 일이었기 때문입니다.

니잠은 또 다른 친구인 하산을 만났습니다. 그러나 하산의 요구는 오마르처럼 소박하지 않았습니다. 하산이 당당하게 말하였습니다.

"니잠, 나는 왕실의 의원이 되고 싶어. 만약 내가 그 지위를 얻게 된다면 나는 많은 법적인 절차들을 개선할 거야."

니잠은 하산의 엉뚱한 생각에 당황하였지만 예전의 약속을 지키고 싶었습니다. 그래서 하산이 원하는 자리를 마련해 주었습니다. 하지만 하산은 자신이 얻은 지위에 만족하지 못하고, 니잠의 자리까지 탐내었습니다. 마침내 하산은 니잠을 몰아낼 음모를 꾸미게 되었습니다. 그렇지만 얼마 지나지 않아 그런 하산의 음모는 들통이 나고, 결국 '죽을 때까지 고국 땅을 밟지 말라'는 중벌과 함께 멀리 쫓겨나는 신세가 되었습니다. 이 와중에도 하산은 자신의 행동을 전혀 반성하지 않고 언젠가 니잠에게 반드시 복수하겠다는 증오심만 가졌습니다.

한동안 아무도 하산이 어디에서 무엇을 하면서 사는지 몰랐습니다. 그러던 어느 날, 하산은 갑자기 난폭하고 살인적인 광신자 집단의 지도자가 되어 나타났습니다.

어느 날 저녁 왕실의 한 집사가 오마르의 연구실에 들렀습니다.

"나쁜 소식을 전해드려야 할 것 같습니다."

"뭔데요. 말씀해 보세요."

오마르는 읽고 있던 책을 잠시 옆에 내려놓고 불안한 마음으로 집사의 말에 귀 기울였습니다.

"당신의 친구인 니잠이 하산과 그의 일당에 의해 살해되었습니다. 정말 유감입니다."

오마르는 니잠의 죽음으로 인한 슬픔에 휩싸여 한동안 아무 일도 할 수가 없었습니다. 그가 니잠의 어이없는 죽음을 극복하는 데는 많은 시간이 걸렸습니다.

정확한 달력을 만들다

얼마 후 오마르는 왕실의 점성가로 발탁되었습니다. 하지만 실제로 천문학자인 오마르는 점성술을 믿지 않았습니다. 어느 날 국왕이 말했습니다.

"지금 특별히 내가 해야 할 일이 없소. 그러니 내가 무엇을 하면 좋을지 별을 보고 점쳐 주시오."

오마르는 별을 관찰한 후 뭔가 알아낸 듯 엄숙히 말하였습니다.

"별들이 말하기를, 국왕께서 지금 여행을 하면 좋을 것이라고 합니다."

"고맙소, 당신은 역시 훌륭한 점성가요."

국왕이 대답했습니다.

오마르가 국왕에게 여행을 권한 이유는 무엇일까요? 아마도 오마르가 생각하기에 국왕에게는 여행을 통해 국민들이 사는 모습을 직접 보고 느끼는 동시에, 재충전할 시간이 필요하였기 때문이 아니었을까요?

그 무렵, 천문학자인 오마르의 빼놓을 수 없는 중요한 업적은 달력을 개정한 것이었습니다. 이미 사람들은 달력이 정확하지 못하다는 것을 알고 있었습니다. 그래서 오마르는 여덟 명의 천문학자들과 함께 달과 별의 위치를 자세히 관찰하여 정확한 달력을 만들었습니다.

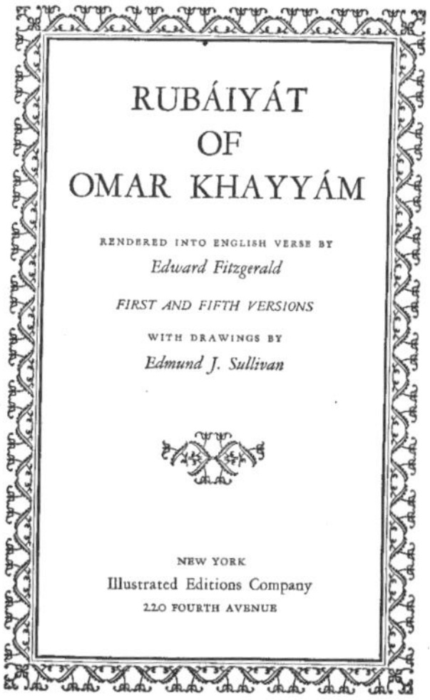

RUBÁIYÁT
OF
OMAR KHAYYÁM

RENDERED INTO ENGLISH VERSE BY
Edward Fitzgerald

FIRST AND FIFTH VERSIONS

WITH DRAWINGS BY
Edmund J. Sullivan

NEW YORK
Illustrated Editions Company
220 FOURTH AVENUE

별자리를 관측하는 오마르와 《루바이야트》 속표지

오마르는 천문학 이외에 수학에 대해서도 연구하였습니다. 그는 대수와 기하가 서로 밀접하게 관련되어 있다고 믿고 있었습니다. 하지만 유럽과 아시아에 있는 많은 스콜라 학파 학자들은 그의 입장에 동의하지 않았습니다. 그러나 오마르는 많은 사람들에게 자신 있게 말하였습니다.

"대수와 기하가 외관상으로 보기에 다르다는 것에는 관심을 기울일 필요가 없습니다. 대수가 기하학적인 사실과 같다는 것이 언젠가 밝혀질 것입니다."

오마르는 3차방정식을 풀기 위해 노력하기도 하였습니다. 그는 3차방정식의 유형을 주의 깊게 살펴보고 체계적으로 분류하여 그것들을 기하학적인 방법으로 풀 수 있다는 것을 보여주었습니다.

오마르는 2개의 원뿔곡선이 교차하면 양수로 된 어떠한 3차방정식도 해결할 수 있다고 믿었습니다. 이것은 현재, 18세기의 가장 중요한 수학적 업적으로 인정받고 있습니다.

또한, 오마르는 유클리드의 가정에 대해서도 연구하였습니다. 기원전 300년경에 유클리드는 어떠한 근거를 내세우지 않아도 사실로 받아들일 만한 공리 5개를 만들었습니다. 이 중에서 다섯 번째 공리는 "직선 위에 있지 않은 한 점에 대하여 이 직선에 평행하게 그을 수 있는 직선은 오직 하나뿐이다."입니다.

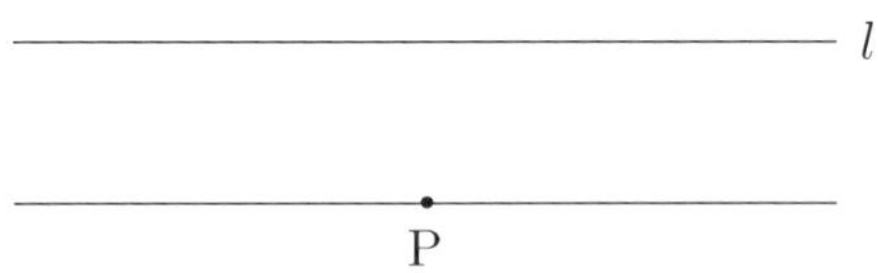

많은 수학자들은 이 공리를 사실로 받아들이지 않고 증명하기 위해 애를 썼습니다. 오마르도 이에 관하여 명확한 답을 찾지는 못했지만 새로운 기하학적 방법들로 증명하려고 애를 썼습니다. 오마르의 연구 결과는 세계의 수학자들에게 많은 도움을 주었습니다.

불운한 수학자

오마르가 페르시아어로 쓴 대수에 관한 책은 번역되지 않아서 세상에 알려지지 못하였습니다. 안타깝게도 오마르가 이미 밝혀 놓은 여러 이론들을 다른 수학자들이 오마르가 이미 발견한 것인지 모른 채 반복하여 연구하고 증명하였다고 합니다. 한 예로, 이항정리를 일반적인 형태로 증명한 것은 뉴턴이라고 하지만 실제로 뉴턴이 최초는 아닙니다.

11세기에 이미 이슬람 수학자 알 카라지(al-Karaji)가 오늘날 파스칼의 삼각형이라고 부르는 $(a+b)^5$까지의 이항계수표를 발표한 바 있고, 그 때문에 이슬람 수학자들은 알 카라지가 최초로 이항정리를 발견한 사람이라고 말합니다. 오마르 또한 일반적인 이항정리를 증명하기도 했습니다. 그런데 불행히도 오마르의 책은 현재 전해지지 않습니다. 다만, 오마르는 범자연수에 대해서만 이항정리가 성립하는 것을 보여 주었고, 뉴턴이 만들어 낸 공식은 음의 정수나 분수 모두에 적용될 수 있는 것입니다. 그러니 이항정리에 관해 완벽한 증명을 이룬 사람이 뉴턴임을 부인할 수도 없을 것 같습니다.

$$(a+b)^n = \sum_{r=0}^{n} {}_nC_r a^{n-r} b^r = {}_nC_0 a^n + {}_nC_1 a^{n-1} b + {}_nC_2 a^{n-2} b^2 + \cdots + {}_nC_n b^n$$

$$\left({}_nC_r = \frac{n!}{r!(n-r)!} \right)$$

시적 감각과 감성이 뛰어난 오마르는 야외에서 수업하는 것을 좋아하였습니다. 어느 날 장미향이 향기롭게 느껴질 때 그는 수업을 잠시 멈추고 제자에게 말했습니다.

"내가 죽으면 이 정원에 묻히고 싶구나. 북풍이 불어올 때 장미 잎이 내 무덤을 덮어 주겠지."

몇 년 후 오마르는 그의 소원대로 장미 덩굴과 여러 과일 나무가 심겨 있는 아름다운 정원 주위에 묻혔습니다. 그 무덤은 향기와 꽃잎으로 덮여 있었습니다.

오마르 하이얌이 되어 문제를 해결해 봅시다!

3차방정식

오마르 하이얌은 최초로 양근(陽根)을 갖는 모든 종류의 3차방정식을 풀었습니다. 다음 3차방정식

$$x^3 + b^2x + a^3 = cx^2 \quad \text{(단, } a, b, c, x \text{는 선분의 길이로 생각한다.)}$$

에 대한 오마르 하이얌의 기하학적 풀이를 완성하여 봅시다.

오마르 하이얌은 이런 종류의 3차방정식을 수사적으로 다음과 같이 표현했습니다.

세제곱, 어떤 변들, 어떤 수들은 어떤 제곱들과 같다.

다음 그림에서처럼 $\overline{\mathrm{AB}}=\dfrac{a^3}{b^2}$, $\overline{\mathrm{BC}}=c$를 작도합니다. 선분 AC를 지름으로 하는 반원을 그리고, 점 B를 지나는 선분 AC의 수선이 그 반원의 호와 점 D에서 만나도록 합니다. 선분 BD 위에 $\mathrm{BE}=b$인 점 E를 표시하고 점 E를 지나서 선분 AC와 평행인 직선 EF를 그립니다. 이때, $\overline{\mathrm{BG}}\cdot\overline{\mathrm{ED}}=\overline{\mathrm{BE}}\cdot\overline{\mathrm{AB}}$을 만족하는 선분 BC 위의 점 G를 구하여 직사각형 DBGH를 만듭니다.

또, 점 H를 지나면서 선분 EF와 선분 ED를 점근선으로 갖는 직각쌍곡선을 그리고, 그것이 반원과 점 J에서 만난다고 합시다. 또 점 J를 지나서 선분 DE와 평행인

직선이 선분 EF와 점 K에서 만나고 선분 BC와 점 L에서 만난다고 합시다.

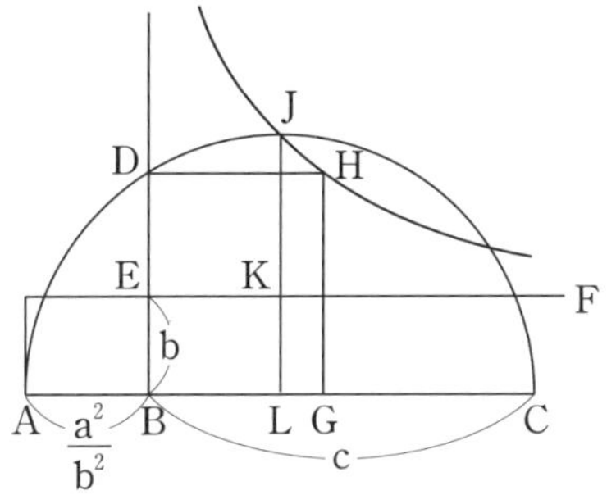

문제 9 다음이 성립함을 설명해 보세요.

(1) $\overline{EK} \cdot \overline{KJ} = \overline{BG} \cdot \overline{ED} = \overline{BE} \cdot \overline{AB}$

(2) $\overline{BL} \cdot \overline{LJ} = \overline{BE} \cdot \overline{AL}$

레오나르도 피보나치(Leonardo Fibonacci, 1174년경~1250년경)
이탈리아 수학자
대수학, 기하학 연구
아라비아숫자 보급, 피보나치 수열 발견

피보나치로 알려진 레오나르도

아라비아숫자 1, 2, 3, …, 9, 0 대신에 로마숫자 I, V, X, L, C D, M만 사용하여 모든 수를 나타내어야 한다면 굉장히 불편하고 계산하는 데에도 많은 시간이 걸릴 것입니다. 그런데 옛날에 숫자에 관심을 가지고 보다 편리한 아라비아숫자를 전 세계에 알리려고 애쓴 사람이 있었습니다. 그가 바로 피보나치라고 불리는 레오나르도입니다.

숫자에 관심을 가진 피보나치

피보나치는 1170년경 이탈리아 피사에서 무역 관련 업무를 하는 보나치의 아들로 태어났습니다. 아버지는 피보나치를 자신과 같은 상인으로 키우려고 계산법을 잘 배워 두라고 권하였습니다. 그래서 피보나치는 선착장에 나가 배에 짐을 싣고 내리는 것을 보면서 상인들이 화물의 개수를 세고 영수증과 비용 등을 로마숫자를 이용하여 기록하고 계산하는 것을 지켜보곤 하였습니다. 주판을 튕기는 상인들의 빠른 손놀림에 감탄하기도 하였습니다.

그때 당시 로마숫자로 덧셈과 뺄셈을 하는 것은 어렵지 않았으나, 곱셈과 나눗셈을 하는 것은 상당히 불편하였습니다. 어린 피보나치도 이 사실을 알고 늘 좀 더 쉽고 나은 계산법이 있을 것이라고 생각하곤 하였습니다.

피보나치가 12세 되던 해 아버지는 북아프리카에 있는 알제리의 부기라는 도시로 급히 일자리를 옮겨야 했습니다. 아버지는 피보나치를 피사에 남겨 두고 먼저 알제리로 가야 했기 때문에 피보나치가 못내 걱정이 되었습니다. 그러나 피보나치는 오히려 아버지에게 용감하게 말했습니다.

"걱정하지 마세요. 여기서 열심히 공부하면서 잘 지낼게요."

그는 아버지를 향한 효심을 보여주기 위하여, 보나치의 아들이라는 뜻이 담긴 '피보나치'로 자신의 별명을 만들었으며, 그때부터 레오나르도가 아닌 피보나치로 불렸다고 합니다. 얼마 후 피보나치도 아버지가 계신 알제리의 부기로 갔습니다. 부기라는 도시는 모든 것이 풍요롭고 전 세계 학자들의 학문이 교류되는 곳이기도 하였습니다. 피보나치는 그곳의 모든 것이 신기하기만 하였습니다. 하루 중 많은 시간을 알제리 곳곳을 돌아다니며 보냈고, 사람들이 무슨 일을 하는지 유심히 바라보곤 했습니다.

피사에 있을 때부터 상인들이 장부 정리하는 것에 관심을 가졌던 피보나치는 알제리에서도 마찬가지였습니다. 그러던 어느 날, 피보나치는 할아버지 한 분이 부둣가에 앉아 로마숫자와 전혀 다른, 이상한 표시를 사용하여 장부를 정리하는 것을 보고, 용기를 내어 물어보았습니다.

"할아버지, 지금 장부에 적고 계신 표시들이 뭐예요? 제가 있던 곳에서는 수를 그렇게 세지 않았는데, 할아버지께서 적고 계신 표시가 이상해서요."

"뭐? 이거? 이건 숫자란다. 아라비아숫자라고 하지. 근데, 내 생각에는 이 숫자를 사용하여 장부 정리를 하는 것이 가장 편리한 것 같아."

피보나치가 보기에도 로마숫자보다 아라비아숫자를 이용하여 장부를 정리하는 것이 더 쉽고 편리해 보였습니다. 피보나치는 그동안 궁금했던 것을 드디어 알게 되어 너무나 기뻤고, 집으로 돌아가며 혼자 중얼거렸습니다.

'이탈리아에 돌아가면 사람들한테 꼭 알려 줘야지.'

이탈리아에서는 로마숫자(I , V, X, L, C, D, M)로 수를 세었는데, 알제리에서는 아라비아숫자(0, 1, 2, 3, 4 등)로 수를 세었습니다. 예를 들어, 이탈리아에서 11은 10을 나타내는 기호 'X'와 1을 나타내는 기호 'I'를 붙여 'XI'로 나타내었습니다. 또, 20은 10을 나타내는 기호 'X'를 두 번 사용하여 'XX'로 나타내었습니다.

그러면 1999와 같은 큰 수는 어떻게 나타낼 수 있을까요?

1999는 MCMXCIX가 됩니다.

로마숫자로 어떤 수를 나타내는 것이 어렵지는 않으나 복잡하고 번거로운 것은 사실입니다.

피사의 사탑을 생각하다

피사의 사탑은 이탈리아 중서부에 위치한 피사 대성당(Duomo di Pisa)의 부속 건물로, 중세 도시 국가 피사가 팔레르모 해전에서 사라센 함대에 대승한 것을 기념하기 위해 세운 종탑입니다. 이 탑은 흰 대리석으로 지어졌으며, 꼭대기 종루를 포함해 8층으로 이루어져 있고 높이는 55.8m, 무게는 14,500t이나 됩니다.

1174년에 착공된 피사의 사탑은 이탈리아 천재 건축가 보나노 피사노의 설계도에 따라 탑을 만들어 가던 중, 3층까지 쌓아 올렸을 때 공사 관계자들은 지반 한쪽이 붕괴되고 있다는 사실을 알게 되었습니다. 책임 기술자였던 보나노 피사노는 새로 층을 올릴 때 기울어져 낮아진 쪽을 더 높게 만들었으나, 추가된 석재의 무게로 건물은 더욱 가라앉게 되었습니다. 기술자들이 해결 방안을 찾으려고 몇 번씩 공사를 중단했으나, 결국 1350년에 맨 꼭대기 층이 기울어진 채 완성되었습니다.

1년에 1mm 정도 기울어지는 미세한 자연 현상이 누적되다 보니 오늘날과 같이 탑의 꼭대기가 수직선에서 무려 5m나 기울어지게 되었습니다. 현재는 탑이 기우는 것이 멈춘 상태입니다. 사탑이 이처럼 위태로운 상태에서도 몇 천 년 동안 무너지지 않은 이유를 과학적으로도 설명하지 못한다고 합니다.

레오나르도 피보나치는 해마다 조금씩 기울어지고 있는 피사의 사탑에 대해 늘 생각하곤 하였습니다. 어떻게 하면 기울어져 있는 피사의 사탑을 바로 세울 수 있을지 무척 궁금해하였습니다. 한동안은 피사의 사탑에 대한 생각에 푹 빠져 있었습니다.

수업 시간에 선생님께서 화가 난 목소리로 말씀하셨습니다.

"레오나르도, 답을 말해 보아라."

"레오나르도, 레오나르도, 내 말 안 들리니?"

하지만 레오나르도는 창밖을 바라보며 뭔가 골똘히 생각하고 있었기 때문에 선생님께서 하신 말씀을 못 들었습니다. 사실 레오나르도가 딴 생각을 하다 선생님께 들킨 것이 이번이 처음은 아니었습니다.

"죄송합니다. 또 그 탑을 생각하고 있었습니다."

많은 사람들은 기울어진 탑을 바로 세우기 위하여 제각각 목소리 높여 자신들의 의견을 말하곤 하였습니다. 레오나르도는 한 가지 사실에 대하여 그렇게 많은 사람들마다 각기 다른 생각을 가지고 다른 의견을 주장하는 것이 신기하고 흥미로웠습니다. 언젠가는 레오나르도 자신이 다른 사람들보다 더 능숙하고 완벽하게 그 문제를 해결하기를 바랐습니다.

마침내 탑이 기울어진 원인이 밝혀졌습니다. 탑을 세운 자리의 땅이 단단하지 않아서 탑의 맨 밑바닥이 평평하지 못했기 때문이었습니다. 그래서 건축가들은 기울어진 쪽으로 단단한 건축 재료를 더 많이 사용하여 8층까지 탑을 세웠는데도, 결국 탑을 똑바로 세우는 데 실패하고 말았습니다. 왜냐하면 오히려 기울어진 쪽으로 더 많은 무게가 실려 그쪽으로 더욱더 기울어졌기 때문입니다. 이때, 레오나르도는 무슨 일을 시작하기에 앞서 사전에 철저하고 정확하게 계획을 세우는 것이 얼마나 중요한지를 깨닫게 되었습니다.

토끼 쌍 문제

피보나치는 아버지의 직장 때문에 따라갔던 알제리에서 피사로 되돌아온 후에도 피사에만 머무르지 않고, 이집트, 시리아, 비잔틴, 시실리아 등을 여행하는 것을 즐겼습니다. 피보나치는 여행하면서 여전히 숫자에 관심을 가지고 있었으며, 자신과 같이 숫자에 관심을 가진 사람들을 만나 대화하는 것을 좋아하였습니다.

마침내, 피보나치는 오랜 여행 끝에 수에 관한 책을 쓰기 위해 피사에 정착하였습니다. 피보나치는 1202년에 《산반서(*Liber Abaci*)》라는 책을 출판하게 되었습니다. 그 책은 다음과 같이 시작합니다.

> 아라비아숫자는 1, 2, 3, 4, 5, 6, 7, 8, 9이다. 이 숫자 9개와 0이라는 기호만 있으면 어떤 큰 수라도 나타낼 수 있다.

또, 그 책에는 아주 유명한 토끼 쌍 문제가 있습니다.

> 한 쌍의 토끼가 1월 초에 태어났다고 하자. 이 토끼는 출생 두 달 후부터, 즉 3월 초부터 매달 한 번씩 한 쌍의 새끼를 낳는다고 한다. 이때 태어난 토끼들도 마찬가지로 출생 두 달 후부터 매달 한 쌍의 토끼를 낳고 어떠한 토끼도 죽지 않는다고 가정할 때, 12월 초의 토끼 쌍의 수를 구하여라.

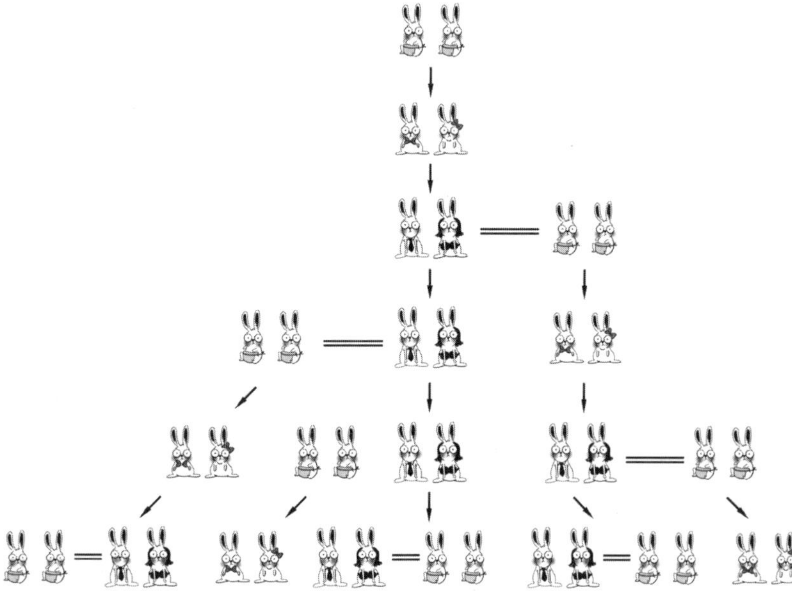

위의 토끼 쌍 문제의 답을 구하기 위하여, 다음 표와 같이 나타낼 수 있습니다.

월	토끼 쌍의 번식 과정	토끼 쌍의 수
1월 초	A	1
2월 초	A	1
3월 초	A → B	2
4월 초	A → C, B	3
5월 초	A → D, B → E, C	5
6월 초	A → F, B → G, C → H, D, E	8
7월 초	A → I, B → J, C → K, D → L, E → M, F, G, H	13
…	………	…

이렇듯, 위의 표에서 1월부터 12월까지 각각의 토끼 쌍의 수를 세어 보면

$$1,\ 1,\ 2,\ 3,\ 5,\ 8,\ 13,\ 21,\ 34,\ 55,\ \cdots$$

임을 알 수가 있습니다.

이 수에는 규칙이 있습니다. 즉, 앞의 두 수를 더하면 다음의 수가 만들어집니다. 이 수열이 바로 유명한 '피보나치수열'입니다.

피보나치수열

피보나치는 자연 속에 수학이 존재한다는 사실을 발견하였습니다. 즉, 자연을 설명하는 데 도움이 되는 수열을 발견한 것입니다. 일반적으로, 수열은 특별한 규칙이 있는 수들

을 나열한 것을 말합니다. 가령, 수열 9, 18, 27, 36, 45, … 는 규칙적으로 9씩 커지는 수들을 모아 놓은 것입니다.

이렇듯, 피보나치는 다음의 수에서 규칙을 찾아내었습니다. 이 수열에서 앞의 두 수를 더하면 다음의 수가 만들어지는데, 이것이 '피보나치수열'입니다.

1, 1, 2, 3, 5, 8, 13, 21, 34, 55, 89, 144, 233, …

많은 수학자들은 피보나치가 이 수열을 발견한 이래로 여기에 완전히 매료되었습니다. 1988년쯤, 놀랍게도 자연에 있는 사물들이 '피보나치수열'로 이루어졌다는 것이 알려졌습니다. 식물학자들은 많은 줄기의 잎눈에서, 해바라기 씨의 배열에서, 파인애플의 껍질에서, 그리고 아티초크의 꽃잎에서 피보나치수열을 발견하였습니다. 결국, 사람들은 이 수열을 '자연의 비밀을 간직한 수'라고 믿게 되었습니다.

솔방울의 나선의 개수는 1, 2, 3, 5, 8 등입니다.

파인애플에서 다이아몬드 모양의 조각이 이루는 줄은 왼쪽으로 경사진 것이 8개, 오른쪽으로 경사진 것이 13개 있습니다.

또한, 아주 오랜 옛날부터 많은 사람들이 인간이 사물을 보았을 때 가장 편안하고 아름답게 느낄 수 있는 비율에 대해 관심을 가지고 연구하였습니다. 그 결과 가로와 세로의 비율이 1 : 1.618… 일 때가 최적이라 판단하고, 이를 '황금비'라 불렀습니다. 황금비로 이루어진 것은 우리 주위에서 흔히 볼 수 있습니다. 예를 들어, 우리가 인쇄할 때 사용하는 A4용지, 어른들이 사용하고 있는 신용카드나 명함 등이 황금비로 만들어졌습니다.

피보나치가 발견한 피보나치수열에서도 황금비를 발견할 수가 있습니다. 즉, 연속한 항들의 비를 구하면 다음과 같은 수열을 얻을 수 있는데, 놀랍게도 이 수열을 계속 진행하다 보면 언젠가는 실제로 황금비 $\frac{(\sqrt{5}+1)}{2}$를 얻을 수 있습니다.

$$\frac{1}{1}(=1),\ \frac{2}{1}(=2),\ \frac{3}{2}(=1.5),\ \frac{5}{3}(\fallingdotseq 1.667),\ \frac{8}{5}(=1.6),$$

$$\frac{13}{8}(\fallingdotseq 1.625),\ \frac{21}{13}(\fallingdotseq 1.615),\ \frac{34}{21}(\fallingdotseq 1.619),$$

$$\frac{55}{34}(\fallingdotseq 1.618),\ \frac{89}{55}(\fallingdotseq 1.618),\ \ldots$$

아라비아숫자에 매료된 피보나치

피보나치는 이탈리아와 전 유럽에서 로마숫자 대신에 아라비아숫자를 사용할 것을 제안하고, 아라비아숫자를 사용하여 곱셈과 나눗셈이 쉽게 되는 것을 보여 주기도 하였습니다. 하지만 대부분의 사람들은 수 세기 동안 로마숫자를 사용하는 데 별 문제가 없었기 때문에 그의 말에 귀 기울이지 않았습니다.

특히, 사람들은 숫자 0을 자릿수를 나타내는 기호로 사용하는 것을 낯설어하였습니다. 아마도 피보나치의 노력이 없었다면 여전히 이탈리아 사람들은 셈하는 데 많은 시간이 걸렸을 것입니다. 그 밖에도, 그는 분자와 분모 사이에 줄을 그어 분수를 간편히 나타내는 방법을 새롭게 도입하기도 하였습니다.

이처럼 피보나치는 주로 수에 대해 깊은 관심을 갖고 대수학에서 뛰어난 업적을 남겼습니다. 또한 이에 못지않게 기하학 분야에서도 평면과 입체 기하학의 정리와 증명에 관해 기록한 책을 남겼습니다.

레오나르도는 어렸을 때에 '피보나치'라는 별명을 스스로 지었는데, 나중에는 '비콜로'라는 또 다른 별명을 지었다고 합니다. 비콜로란 여행자를 의미하는데, 레오나르도는 본인의 책에 종종 '레오나르도 비콜로'라고 서명하는 것을 즐겼다고 합니다. 그런데 레오나르도의 생각이나 의견을 탐탁지 않게 여겼던 일부 사람들은 그의 제안을 받아들이고 싶지 않을 때에 그를 비콜로라고 불렀습니다. 왜냐하면, 비콜로에는 멍청이라는 또 다른 의미가 있기 때문입니다.

이처럼 당대에는 레오나르도를 종종 '멍청이'라고 부르기도 했지만, 지금까지 어느 누구도 중세의 최고 수학자인 레오나르도를 멍청이라고 비웃지 않았을 것입니다.

피보나치가 되어 문제를 해결해 봅시다!

피보나치수열

1, 1, 2, 3, 5, 8, 13, 21, 34, 55, 89, 144, 233, ⋯

위에 나오는 수 배열을 살펴보면 앞의 두 항을 더하면 다음 항이 나오는 관계라는 것을 알 수 있습니다.

즉, 위의 수 배열에서 n번째 수를 a_n이라 하면, $a_{n+2}=a_n+a_{n+1}$이 됩니다.

처음 2개의 수를 제외하고는 어떤 수를 두 칸 앞(전전 항)에 있는 수로 나누면 몫이 2가 나오고 나머지는 나누는 수의 앞의 수가 됩니다.

즉, 13÷5=2 ⋯ 3이 됩니다.

하나 더 예를 들면, 34÷13=2 ⋯ 8

이를 일반적으로 나타내 보면

$$a_n+a_{n+1}=a_{n+2}$$

$$a_{n-1}+a_n=a_{n+1}$$

이므로, 위의 두 식의 양변을 각각 더하면

$$a_n+a_{n-1}+a_n=a_{n+2}$$

가 되어

$$a_{n+2}=2a_n+a_{n-1}$$

이 됩니다.

$a_n>a_{n-1}$이므로 a_{n+2}를 a_n으로 나누면 몫이 2, 나머지가 a_{n-1}이 됩니다.

문제 10 아래 피보나치수열에서 다음에 이어 나오는 7개 항을 구하세요.

$$1,\ 1,\ 2,\ 3,\ 5,\ 8,\ 13,\ 21,\ \cdots$$

문제 11 위의 수열에서 이웃하는 두 항 사이의 비율을 찾고, 소수점 아래 다섯 자리까지 적어 보세요. 이 비율이 항이 거듭될수록 어떤 값으로 가까이 가는지 구하세요.

지롤라모 카르다노(Girolamo Cardano, 1501년~1576년)

이탈리아 수학자

내과의사 겸 점성술가

음수와 허수에 관해 연구, 확률 연구의 태동

다양한 재능의 소유자
지롤라모 카르다노

일상생활에서 자기 자신에 대해 자긍심이 강하고 명성을 떨치기 위해
많은 노력을 한 수학자이자 의사인 사람이 있었습니다.
특히 앞일을 예언한 뛰어난 점성술가로도 유명합니다.
본인의 죽음을 예언하고 막상 그날이 되어도 죽지 않자
자살을 해 버린 학자가 있습니다.
그가 바로 지롤라모 카르다노입니다.

자신의 죽음을 예언하다

"선생님, 요즘 제 몸에 뭔가 이상이 생긴 것 같습니다."

나이가 제법 들어 보이는 한 여자 환자가 카르다노에게 말하였습니다.

"어디 한 번 봅시다. 별 이상 없는 것 같은데요. 건강은 제가 문제입니다. 저는 어렸을 때부터 항상 아팠고, 지금도 안 아픈 데가 없습니다."

카르다노는 목이 아프다는 듯 갑자기 헛기침을 하며 말하였습니다.

"제가 보기에 의사 선생님은 늘 건강해 보이시는데요?"

오히려 환자가 의사를 감싸 주었습니다.

"아니에요. 저는 언제 죽을지 몰라요. 사람들은 제가 똑똑하다는 것을 알고 시기와 질투를 하고 있습니다. 전 가끔씩 누군가가 저에게 독약을 먹이려고 음모를 꾸미는 꿈을 꾸곤 합니다."

"그럴 리가 있겠어요? 선생님처럼 훌륭하신 분을 누가 해치려고 하겠어요?"

카르다노는 여자 환자가 하는 말을 들으면서 기분이 좋아 우쭐해졌습니다. 카르다노는 어떤 때에는 철없는 꼬마 같기도 하고, 음흉한 늙은이 같기도 하였습니다.

카르다노는 고전파 시인 포프의 가벼운 병을 치료해 준 계기로 더욱 유명해지기 시작했습니다. 어느 날 스코틀랜드의 수도원 에든버러에서 메시지가 전달되었습니다.

"대주교가 죽어가고 있으니 와서 치료해 주십시오."

메시지를 받은 카르다노는 에든버러로 갔습니다. 대주교는 침대에 누워서 하루를 보냈고 계속 건강이 악화되어 가고 있었습니다. 누워 있는 대주교를 가만히 살펴보던 카르다노는 원인을 발견했습니다.

"깃털 침대와 가죽 베개로 인한 알레르기 반응입니다. 즉시 비단 침대와 면 베개로 바꾸십시오."

카르다노의 말대로 하자 대주교는 금세 숨을 깊이 쉬고 건강이 호전되기 시작했습니다. 카르다노는 그 시대에 이미 알레르기에 대해 알고 있던 뛰어난 의사였던 것입니다.

대주교는 카르다노에게 후한 상을 주면서 말했습니다.

"집으로 가는 길에 영국의 왕 에드워드 6세를 찾아가시오. 15세의 어린 나이인데 지금 죽을 병에 걸려 있소."

에드워드 6세를 찾아간 카르다노는 그의 상태를 보고 55세, 3개월 17일째 죽을 것이라고 예언을 하였습니다. 그러나 에드워드 6세는 그 다음 해인 16세 되던 해에 세상을 떠났습니다. 카르다노는 자신의 실수를 감추기 위해 신하가 독을 먹였다고 누명을 씌웠습니다. 자신의 명성에 해가 가지 않게 하려는 야비한 행동이었습니다.

또한 카르다노는 자신의 죽는 날도 예언을 하였습니다.

"나는 1576년 9월 20일, 즉 75번째 생일 나흘 전에 죽을 것입니다. 내 조카 파지오야! 내가 죽은 후에 나의 예언이 맞았음을 알리어 내 명성이 길이길이 지속되도록 하여라."

하지만 1576년 9월 20일 카르다노는 매우 건강한 모습이었습니다. 자신의 예언이 맞다는 것을 보이기 위해 그는 독약을 먹고 자살을 하였습니다. 이 세상에는 선과 악이 있고 결국은 선이 이긴다고 합니다. 카르다노는 타르탈리아가 평생에 걸쳐 알아낸 연구결과를 가로채었으니, 그 죄에 대한 벌을 받은 것으로 보입니다.

카르다노의 거짓말

카르다노는 수학의 여러 분야 중에서 대수학과 확률에 관한 연구에 몰두하였습니다. 그 때 당시 이미 1차방정식과 2차방정식의 해법은 알려져 있었습니다. 카르다노는 3차방정식의 해법이 알고 싶었습니다. 그는 타르탈리아가 3차방정식의 해법을 발견했다는 소문을 듣고 타르탈리아에게 그 내용을 보여 달라고 간청하였습니다. 마음 약한 타르탈리아는 다른 사람에게는 절대로 말하지 않겠다는 약속을 받은 후 카르다노에게 그 해법을 알려 주었습니다.

그러나 이 일은 타르탈리아 일생일대의 실수가 되고 말았습니다. 카르다노는 야비하게도 타르탈리아와의 약속을 어기고 제자인 페라리에게 그 해법을 가르쳐 주었습니다. 그뿐만 아니라 마치 자신이 발견한 것처럼 발표하였습니다. 이리하여 3차방정식의 해법이 세상에 알려지게 되었고 사람들은 그 해법을 '카르다노 공식'이라고 이름 붙였습니다.

이 소식을 전해 들은 타르탈리아가 얼마나 화가 나고 기가 막혔을지 짐작할 수 있을 것입니다. 타르탈리아는 카르다노를 남의 것을 훔친 비열한 사람이라고 비난했고, 특히 자신과의 약속을 어긴 것에 대해 매우 분노하였습니다. 페라리는 자신의 스승인 카르다노를 방어하기 위하여 여러 차례 타르탈리아에게 사과의 편지를 전하였다고 합니다. 결국, 이에 충격받은 타르탈리아는 시름시름 앓다가 세상을 떠났다고 합니다. 그 후, 카르다노의 멋진 공식만큼 카르다노의 거짓말도 유명해졌습니다.

도박을 수학적으로 연구하다

카르다노는 이탈리아 파비아에서 귀족의 후예인 유명한 변호사의 아들로 태어났습니다. 카르다노가 7세 되던 해 아버지가 돌아가시자, 가정 형편이 나빠져서 카드 게임이나 주사위 놀이, 체스 등 도박으로 생계를 꾸렸다고 합니다. 확률 계산에 밝았던 그는 게임에 지는 경우가 드물었지만 그렇다고 하여 돈방석에 앉은 적도 없었습니다.

카르다노는 어렸을 때부터 줄곧 명성을 얻는 것을 인생의 최대 목표로 삼았습니다. 그는 자신이 죽은 후 사람들에게서 잊히는 것이 몹시 두려웠습니다. 그래서 카르다노는 존경받는 의사가 되기로 결심하였습니다. 왜냐하면 의사가 되면 유명 인사들을 치료할 수 있고, 그러면 명성을 얻을 수 있다고 판단하였기 때문입니다.

카르다노는 파도바 대학에 입학했지만 전쟁으로 인하여 학위는 파도바 대학에서 받지 못했으며, 1525년 의학 박사학위를 받기 위해 다시 파도바로 돌아갔습니다. 카르다노는 의사 생활을 하면서도 수학에 관한 관심과 연구를 게을리하지 않았습니다. 카르다노는 한때 산적의 딸을 아내로 맞이하여 사람들로부터 미치광이 천재라는 놀림을 당하기도 하였습니다. 또, 한번은 광적으로 흥분하여 자기의 어린 아들의 두 귀를 잘라 버렸다고도 합니다. 그러나 이런 얘기들은 그의 적들이 카르다노를 중상모략한 것일 수도 있습니다. 카르다노에 관한 개인적 이야기들이 얼마만큼 사실인지는 정확히 파악하기 어렵지만, 여느 학자들에 비해 기이한 성격을 가진 것은 사실인 듯합니다.

드디어, 그는 1544년에 밀라노 대학의 기하학 교수가 되었습니다. 카르다노는 의사를 거쳐 수학 교수로 활동하면서도 계속 해서 예전부터 해 왔던 노름을 즐겼습니다. 카르다노는 게임에 관한 규칙들을 과학적으로 철저히 분석을 하였답니다. 결국, 카르다노는 확률을 이끌어낸 창시자이며, 그가 작성한 《게임에 관한 책》은 후대에 와서 출간되었습니다.

확률은 도박에서 시작되었습니다. 16세기 유럽이 산업화되면서 상품 생산량이 증가하게 되었고, 이 많은 물건을 팔기 위해 바다 건너까지 무역을 하게 되었습니다. 그래서 늘 항구는 사람들로 북적거리게 되고 물건을 파는 사람, 사는 사람, 배를 타는 사람, 기다리는 사람들은 배 시간이 될 때까지 별로 할 일이 없어 모여 앉아 있다 보니 도박을 하게 되었다고 합니다. 도박을 하는 사람들은 당연히 이기려 할 것이고 따라서 어느 쪽에 거는 것이 더 유리한지 따져 보게 되는데 이것이 바로 확률의 시초입니다.

수학자 중에도 도박을 좋아하는 사람들이 있었는데 그 중 수학을 도박에 적용하여 이론적으로 연구한 수학자가 바로 카르다노입니다. 그는 처음엔 의사였는데 수학에 취미가 있었고, 평소에 도박을 즐기는 괴팍스러운 성격의 사람이었다고 합니다. 그는 결국 밀라노 대학의 수학 교수가 된 후에도 게임에 이길 확률을 계산하기 위해 수학을 이용하였습니다. 카르다노는 상습 도박꾼이었으며, 그는 확률에 관한 몇 가지 흥미로운 문제를 다룬 도박사를 위한 안내서도 썼습니다.

카르다노가 무언가를 결정할 때 예언과 별점에 의지했을 정도로 그의 삶에 미신은 중요한 역할을 했습니다. 심지어, 그는 1570년에는 자신의 예언을 과시하기 위하여 예수의 생애에 대한 별점을 발표하여 이교도로 몰리는 바람에 6개월 동안 감옥살이를 하였습니다. 카르다노가 도박이나 예언 등에 깊은 관심을 가진 것은 아들의 죽음과도 관련이 있는 듯합니다. 카르다노의 장남은 카르다노를 닮아 매우 유능한 의사였는데, 그 아들의 결혼 생활은 순탄치 못했고 결국 아들은 자신의 아내를 독살하게 되었습니다. 살인죄로 교수형에 처한 아들을 구하려고 무척 애를 썼으나 결국 아들을 구하지 못한 카르다노는 죄책감에 시달리며 오랜 기간 동안 심적으로 고통을 받았다고 합니다.

당시의 가장 뛰어나고 다재다능한 인물 중 한 사람이었던 카르다노는 산술, 천문학, 물리학, 의학 등 여러 분야에서 많은 연구 업적을 남겼습니다. 그의 가장 위대한 업적은 《위대한 술법》이라는 대수에 관한 책인데, 이 책을 보면 카르다노는 음수를 이해하고, 음의 제곱근과 허수의 존재를 최초로 인식한 학자임을 알 수 있습니다.

카르다노가 되어 문제를 풀어보자!

경우의 수

주사위 2개의 눈의 합은 2, 3, 4, …, 12까지 나올 것입니다. 이때, 주사위 2개의 눈의 합이 7인 경우가 가장 자주 나올 수 있습니다. 즉, 제일 높은 확률을 갖고 있는 셈입니다.

두 주사위 눈의 합이 7이 나올 경우는 모두 여섯 가지입니다. $(7=1+6=2+5=3+4=4+3=5+2=6+1)$

2개의 주사위 눈의 합이 7 이외일 때는 여섯 가지 경우가 나올 수 없습니다.

문제 12 다음 표는 2개의 주사위를 가지고 100번을 굴렸을 때 나온 눈의 수의 합을 기록한 것입니다.

주사위 2개의 합	나온 횟수
2	3
3	5
4	10
5	11
6	7
7	16
8	14
9	10
10	10
11	13
12	1

(1) 다음과 같은 규칙으로 게임을 합니다.

- 2부터 12까지의 숫자 중 하나를 말한 후 2개의 주사위를 던진다.
- 주사위의 눈을 합한 값이 앞서 말한 숫자이면, 상금 천 원을 받는다.

여러분이 더 많은 상금을 받기 위해서는 어떤 수를 말해야 할까요? 어떤 수를 말하는 것이 가장 좋지 않은 선택일까요?

(2) 위 게임에서 여러분은 6을 말하고, 여러분의 친구는 11을 말하였다고 가정합시다. 둘 중에서 누가 더 상금을 받을 확률이 높은가요? 왜 그런지 이유를 말해 보세요.

문제 13 1년 365일 중에서 자기 생일은 단 하루뿐입니다. 수학 동아리반 학생 10명 중 생일이 같은 친구가 있을 확률은 얼마일까요? (단, 2월 29일이 생일일 가능성은 무시한다.)

존 네이피어(John Napier, 1550년~1617년)
영국의 수학자
경이적인 로그 법칙의 기술 발표
네이피어 로그 계산 기계 발명

마술사로 알려진 존 네이피어

존 네이피어는 수학을 사랑했던 스코틀랜드의 귀족입니다.
그는 로그를 발명했고, 구면삼각법을 연구했으며 기계적인
계산 도구인 네이피어의 막대를 고안했습니다.
마술사로도 유명한 수학자,
그가 바로 존 네이피어입니다.

마술사인가, 수학자인가?

"실례합니다만, 저기 언덕 위에 있는 게 머키스턴 성입니까?"

한 여행객이 희망에 찬 눈빛으로 물었습니다.

"그래요!"

한 늙은 농부가 피곤에 지친 자신의 말을 쓰다듬으며 대답했습니다.

"그럴 거라고 생각했었지!"

여행객은 혼잣말로 중얼거렸습니다.

"남작 가족의 친구세요?"

농부가 물었습니다.

"아, 아닙니다. 만난 적도 없어요. 저는 던디에서 왔어요. 하지만 그의 마술에 관한 놀라운 이야기를 들었답니다. 저는 아내에게 다음에 에든버러에 가면……"

"글쎄요, 원하시는 것은 모두 보시겠지만, 마술은 보실 수 없을 겁니다."

농부가 말을 이었습니다.

"남작은 아이디어가 풍부하고 활력이 넘치는 영리한 사람입니다. 마술을 사용할 필요가 없지요."

"하지만 그걸 어떻게 알지요?"

"저는 남작이 아주 어렸을 때부터 머키스턴 성에서 일했어요. 바로 여기 들판이 모두 그의 땅이랍니다. 그가 농업에 관한 실험을 한 덕분에 우리는 귀리 농사에서 풍작을 거둘 수가 있었어요. 이 밭에 우리가 무얼 사용하는지는 정확히 말해드릴 수 없지만, 하여튼 그 효력은 매우 크답니다. 그건 결코 마술이 아니라 작은 아이디어일 뿐입니다."

농부가 말했습니다.

"그럼 수탉 이야기는 어떻게 된 겁니까? 혹시 그 일이 있었을 때 여기 계셨나요?"

"물론 있었지요. 나는 그렇게 바보 같은 짓을 본 적이 없지만, 남작은 항상 바보들이 자신의 잘못을 깨달을 수 있게 해 주지요."

농부가 웃으며 말을 이었습니다.

"그는 언젠가 일꾼들을 한꺼번에 여러 명 고용한 적이 있었는데, 그 중 한 명이 가끔 물건을 훔친다는 의심을 받았어요. 처음에는 사소한 것, 예를 들어 사료나 연장 정도가 없어졌지요. 그러나 요리사가 자신이 가장 좋아하는 주방 기구가 몇 개 없어진 것을 알고 더 이상 일을 할 수 없다고 말했을 때, 남작은 조치를 취하기로 결심했지요."

말이 농부에게 저녁이 가까워지고 있음을 알리듯 고삐를 흔들어 소리를 내고 머리를 흔들어댔습니다.

"일하러 가야겠군요. 저는 해 지기 전까지 여기 밭일을 끝내야 해요."

"하지만 이 이야기도 끝내야지요."

"좋아요, 하지만 간단히 이야기할게요. 당신은 아마 남작이 현명한 사람이라고 생각하시게 될 겁니다. 그는 새까만 수탉을 외양간의 어두운 창고에 넣어 두었어요. 그러고 나서 일꾼들에게 한 사람씩 그 안으로 들어가서 닭의 등을 가볍게 두드리고 나오라고 지시했지요. 주인은 이미 일꾼들에게 이 수탉은 사람들이 거짓말을 하는지 안 하는지를 구별할 수 있다고 말해 두었습니다. 일꾼들은 한 사람씩 들어가서 수탉의 등을 가볍게 두드렸습니다. 남작은 그렇게 하는 것이 수탉이 진실을 알아내는 데 필요하다고 말했지요. 그리고 일꾼들은 순서대로 한 사람씩 들어갔다 나왔습니다. 모두 밖으로 나왔을 때, 남작은 일꾼들에게 손바닥을 펴 보도록 했습니다. 한 사람만 제외하고는 모든 사람들의 손바닥엔 검댕이 묻어 있었습니다. 그가 바로 도둑이었습니다!"

"하지만 이해가 안 가는군요."

여행객이 말을 이었습니다.

"남작이 마술을 쓰지 않는다고 말하셨는데, 지금은 사람의 거짓말을 구별하는 마법의 수탉 이야기를 하고 있잖아요."

"잠깐만 제 이야기를 더 들어 보세요."

농부가 말했습니다.

"일꾼들은 남작이 수탉 등에 검댕을 칠해 놓은 것을 몰랐지요. 숨길 것이 아무것도 없는 일꾼들은 거리낌 없이 수탉의 등을 두드리고 나왔습니다. 하지만 죄를 지은 일꾼은 자신이 없어서 수탉을 만지지 않았지요. 그래서 그의 손만 깨끗했던 것입니다."

"그러면, 저……"

"즐거웠습니다만, 이제 밭일을 시작해야 합니다."

농부가 말했습니다.

"잠깐만요!"

여행객이 농부를 불렀습니다.

"비둘기 이야기도 알고 계세요? 그건 설명하기 힘든 것 아닌가요!"

발명가로 거듭나다

머키스턴 성 안은 거의 저녁 시간이었습니다. 머키스턴 성의 여덟 번째 영주인 네이피어는 책상에서 바쁘게 글을 쓰고 있었습니다. 그날도 그는 영지를 관리하는 데 생기는 사소한 문제들 때문에 많은 시간을 보내야만 했습니다. 이제는 그가 가장 좋아하는 수학에 잠시 시간을 할애할 때입니다.

그는 한 발명품을 다듬고 있었습니다. 네이피어는 이 발명품이 수학자와 천문학자들이 복잡한 계산을 하는 데 도움이 되기를 바랐습니다. 이 발명은 간단한 일이 아니어서 완성하는 데 거의 20년이 걸렸습니다. 마침내, 네이피어는 그 발명품을 테스트해 볼 때

가 됐다고 생각했습니다.

네이피어는 로그를 발명했습니다. 이것은 큰 수들의 계산을 더 쉽고, 빠르고, 정확하게 할 수 있도록 해 주는 새로운 방법이었습니다. 그의 방법은 곱셈과 나눗셈을 덧셈과 뺄셈으로 바꾸어 놓았습니다. 그것은 큰 수를 계산할 때, 시간을 엄청나게 아껴 주었습니다.

이 이야기는 전 유럽으로 빠르게 퍼졌고, 계산과 관련한 일에 종사하는 사람들은 모두 이 놀라운 발견을 칭찬하였습니다. 특히 천문학자들이 매우 좋아했습니다. 그들은 별과 별 사이의 거리와 같이 매우 먼 거리를 계산하여야 하기 때문에 큰 수들의 계산을 많이 했습니다. 네이피어보다 200년 이후의 수학자인 라플라스는 "로그의 발명으로 계산이 줄어들어, 천문학자의 수명이 두 배로 늘어났다."고 말하기도 했습니다.

네이피어는 또한 미래에 만들어질 무기들을 설계도까지 그려서 예언하였습니다. 그는 물밑을 항해하는 장비와 움직이면서 모든 방향으로 사격할 수 있는 차량을 상상했습니다. 또, 1마일 반경 안에 있는 모든 소를 죽일 수 있는 총을 그려 보기도 했습니다. 이러한 아이디어 중의 일부는 네이피어가 생각하기에도 너무나 끔찍한 것이어서 나중에는 친구들과도 그 무기들에 관해서는 이야기하려고 하지 않았습니다. 그러나 불행하게도 그의 예언들은 제2차 세계대전 중에 잠수함, 기관총, 탱크 등으로 실현되었습니다.

수학자와 천문학자들뿐만 아니라 장부를 기록하는 사람들과 회계원들의 계산을 보다 쉽게 해 주기 위한 노력으로, 네이피어는 '네이피어의 막대'를 발명했습니다.

이 막대는 수가 적혀 있는 막대기들을 모아 놓은 것이었습니다. 이 막대기들을 적절히 잘 배열하면 곱셈과 나눗셈, 제곱근 등을 쉽게 구할 수 있습니다. 그 막대기들은 일종의 움직이는 구구단 표였으며, 사람들이 휴대용 계산기 이전에 사용했던 계산자의 초기 형태였습니다. 이 막대는 흔히 동물의 뼈나 상아 조각으로 만들었기 때문에 '네이피어의 뼈'라고도 불립니다.

오늘날, 네이피어의 막대는 대개 두꺼운 종이로 만듭니다. 휴대용 계산기에 비해 조잡해 보이지만 네이피어가 살았던 시대에는 숫자에 관계된 일에 종사하는 사람들에게 매우 유용한 것이었습니다.

마술이 아닌 아이디어와 노력으로

에든버러 근처의 머키스턴 성 주위에 살았던 일반 사람들은 네이피어가 무엇을 하고 있었는지 전혀 알지 못했습니다. 그와 알고 지내는 상류층 사람들도 마찬가지였습니다. 네이피어의 업적들은 초자연적인 힘과는 아무런 상관이 없음에도 불구하고 사람들은 그 업적들을 그저 '마술'이라고 생각하였던 것 같습니다. 사람들은 그의 노력과 세심한 과학적 작업들을 인식하지 못했습니다.

앞에서 마술이라고 생각했던 비둘기 이야기를 자세히 하자면 다음과 같습니다.

"이봐요! 당신은 몇 주 전에 나에게 네이피어와 수탉에 관한 이야기를 했던 사람 아닌가요?"

이마의 땀을 닦으며 길가에서 쉬고 있던 던디 출신의 여행객이 지나가던 농부에게 말을 걸었습니다.

"언젠가 당신을 만나서 비둘기 이야기를 들을 수 있기를 바랐지요."

어행객이 말했습니다.

피곤한 농부는 괴로웠습니다. 그는 해변가에 있는 자신이 가장 좋아하는 곳에서 잠시 쉬려고 하던 참이었습니다. 그러나 마음씨 좋은 농부는 이야기를 시작했습니다.

"좋아요, 이런 이야기지요. 남작의 한 이웃이 몇 년 전에 비둘기를 기르고 있었는데,

비둘기들을 집 안에만 가두어 둘 수가 없었답니다. 그래서 정원에 풀어 둔 비둘기들은 우리 밭으로 날아 와서 씨앗을 다 파먹었지요. 우리는 그 이웃에게 비둘기를 가두어 두라고 말했지만 소용이 없었어요. 마침내, 남작이 화가 났습니다. 그는 다시 비둘기들이 밭에 날아오면 모두 잡아서 새장 안에 넣겠다고 말했습니다."

농부는 계속해서 말을 이었습니다.

"그 이웃은 아무도 날아다니는 비둘기를 잡을 수는 없다고 확신하고, '비둘기를 잡을 수 있다면 다 잡아가도 좋다.'고 대답했어요. 그런데 다음 날 아침 우리가 일하러 밭에 나갔을 때, 남작은 밭에 쓰러져 있는 비둘기들을 하나씩 자루에 담고 있었어요."

여행객은 입이 딱 벌어진 채 서서 그 이유를 듣고 싶어 했습니다. 농부는 웃음을 감추며 턱수염을 만졌습니다. 그는 이 여행객에게 남작이 비둘기들에게 브랜디(술)에 담가 두었던 완두콩을 먹였다는 것을 말해 줄까 말까 망설였습니다.

조바심이 난 여행객은 재촉했습니다.

"계속해 봐요. 남작이 어떻게 비둘기들을 잡았나요?"

"모르겠어요. 그저 마술이겠죠."

네이피어가 되어 문제를 해결해 봅시다!

네이피어의 막대

수의 개념과 셈법은 역사가 기록되기 훨씬 이전부터 발전되어 왔습니다. 동서양을 막론하고 사회가 발전함에 따라 셈의 방법은 절대적으로 필요하게 되었지요. 현대에는 컴퓨터의 발달로 복잡하고 큰 숫자에 대한 계산을 쉽게 할 수 있으나 오래 전에는 사람이 직접 빠르고 손쉽게 할 수 있는 계산법이 매우 필요했습니다.

네이피어의 막대(Napier's bone)는 1617년에 네이피어가 발명한 것으로, 당시에 매우 유용하게 사용되었습니다. 이것은 0부터 9까지의 숫자 각각에 대하여 그 숫자의 배수를 적은 길쭉한 조각을 만들어 계산 도구로 활용한 것입니다.

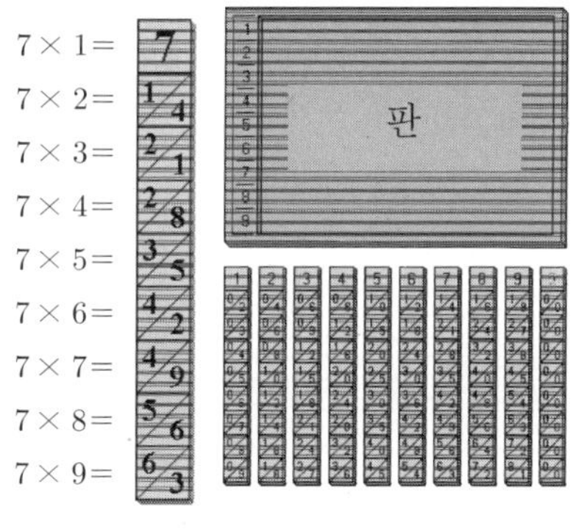

네이피어의 막대

네이피어의 막대를 이용한 계산법은 다음과 같습니다.

$$1615 \times 365$$

1. 1, 6, 1, 5에 해당하는 길쭉한 조각을 나란히 놓는다.
2. 곱하는 수 3, 6, 5에 해당하는 부분을 찾고 대각선으로 연결된 수를 더하여 읽는다.
3. 이 값들을 1615×5의 결과값부터 차례대로 한 자리씩 앞당겨서 두고 더한다.

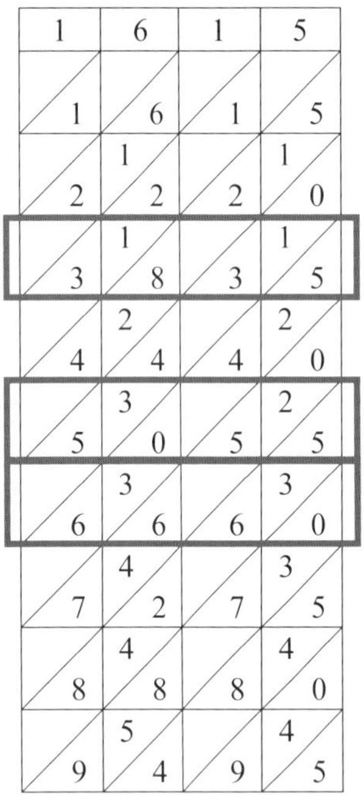

$3(1615) = 3+1/8/3+1/5 = 4845$

$5(1615) = 5+3/0/5+2/5 = 8075$

$6(1615) = 6+3/6/6+3/0 = 9690$

```
    8075
   9690
+ 4845
  589475
```

결과값 : 589475

문제 14 네이피어의 막대를 이용하여 다음 막대에 숫자를 써넣고 문제의 결과값을 계산해 보세요.

(1) 42×28

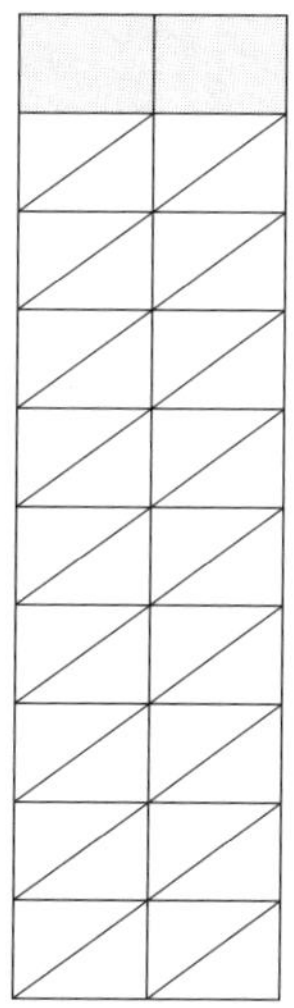

결과값 : (   )

(2) 237×761

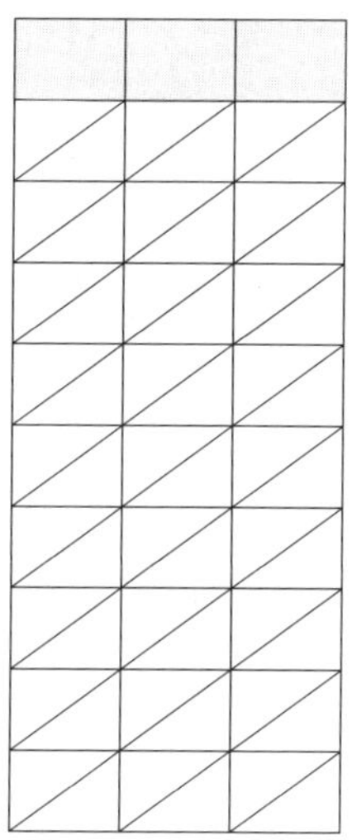

결과값 : (   )

갈릴레오 갈릴레이(Galileo Galilei, 1564년~1642년)
이탈리아 천문학자
실험과 관측을 통해 진리를 탐구한 과학자
진자의 등시성 원리를 발견하고 지동설을 주장함

진리와 오류를 밝힌 실험가
갈릴레오 갈릴레이

친구에게 뭔가를 직접 눈으로 확인시켜 주었는데도 믿지 못한다면 어떻게 하나요? 이렇게 직접 본 사실도 믿으려 하지 않았던 시대가 있었습니다. 그러한 시대에 많은 실험을 통하여 수학에 큰 공헌을 한 사람이 있었습니다. 그가 바로 갈릴레오 갈릴레이입니다.

그래도 지구는 돈다

우리는 지구가 하루에 한 번씩 자전하면서 태양 주위를 돌고 있다는 사실을 잘 알고 있습니다. 그런데 만약 어떤 사람이 지구는 움직이지 않고 태양이 지구 주위를 돌고 있다고 생각한다면 어떻게 할까요. 놀랍게도 갈릴레이가 살던 시대에는 모두가 그렇게 믿었습니다.

태양이 지구 주위를 돌고 있다는 생각을 '천동설'이라고 하는데, 로마 교황청에서는 이 천동설을 교의로 삼았습니다. 그래서 천동설을 반대하는 사람은 로마 교황청을 거역하는 것으로 간주하고 무서운 벌을 내렸다고 합니다. 그런데 아리스토텔레스의 천동설을 지지했던 코페르니쿠스의 태양 중심설은 행성의 운동을 힘과 관련지어 설명하지 못한다는 단점이 있었습니다. 이것을 미심쩍게 여긴 갈릴레이는 수학적 분석과 독창적인 실험으로 이것을 해결해 보였습니다.

갈릴레이는 직접 망원경을 만들어서 달과 별과 태양을 관측하여 여러 가지 새로운 사실들을 밝혀냈습니다. 그뿐만 아니라, '천동설'이 틀렸다는 사실도 알게 되었습니다. 갈릴레이는 지구가 태양을 중심으로 돌고 있다고 주장했고 이를 증명하기 위하여 무려 6년이란 긴 시간 동안 연구를 하였습니다. 갈릴레이의 이런 주장을 '지동설'이라고 합니다. 그러나 당시 대부분의 사람들이 신이 우주를 창조하였고 그것이 바로 천동설의 이치라고 믿고 있었으므로 이를 거스르는 사람은 반역자인 셈이었습니다.

결국, 갈릴레이는 종교 재판에 부쳐졌고 지동설을 포기하라는 명령을 받게 되었습니다. 그는 법정에서 지동설을 다시는 주장하지 않겠다고 서명하였습니다. 하지만 법정을 나서면서 "그래도 지구는 돈다."는 말을 하였다고 합니다.

이 말 한 마디 때문에 갈릴레이는 죽을 때까지 집에서 한 발짝도 나오지 못하는 무거운 형벌을 받게 되었다고 합니다. 그래도 갈릴레이는 진리를 위하여 자신의 뜻을 굽히지 않고 끝까지 외로운 투쟁을 계속하였습니다. 이처럼 무서운 벌을 받으면서도 자신의 주장을 굽히지 않는 용기는 정말 대단한 것입니다.

매사 의문투성이

갈릴레이는 무척 가난한 집안에서 태어났습니다. 갈릴레이가 살던 시대는 현재와 달라서 수학과 과학을 존중하기는커녕, 과학을 마술이라고 비웃는 사람들이 많았습니다. 갈릴레이의 아버지는 아들이 어려운 집안 형편을 생각해서 돈을 많이 벌 수 있는 의사가 되길 원하였고, 아버지의 뜻에 따라 갈릴레이는 1581년 피사 대학에서 의학 공부를 하게 되었습니다. 하지만 의학 공부에는 별 흥미를 느끼지 못하여 강의가 지루하기만 하였습니다.

어느 날, 갈릴레이가 듣던 의학부 수업에서 교수가 말했습니다.

“아이의 성별은 아버지의 체력에 의해 결정된다네. 아버지의 체력이 강하면 사내 아이가 태어나고, 그렇지 않으면 여자 아이가 태어나는 것이지.”

“교수님, 그 말씀은 옳지 않은 것 같습니다.”

평소에도 질문을 많이 하던 갈릴레이가 손을 들고 말했습니다.

교수는 자존심이 상하여 화를 내며 말하였습니다.

“자네는 평상시 엉뚱한 질문만 하더니, 오늘은 내 말이 틀렸다고 함부로 말하는 군.”

“그냥 생각 없이 말씀드리는 것이 아닙니다. 우리 옆집에 사시는 아저씨는 매우 건강하신데도 딸만 다섯을 낳으셨습니다. 이것을 어떻게 설명하실 수 있으신지요?”

“나는 지금 고대 그리스의 유명한 학자 아리스토텔레스가 주장한 대로 말한 것이네.

그러니 틀릴 리가 없어."

"아리스토텔레스가 잘못된 것을 주장해도 옳다고 해야 합니까?"

갈릴레이는 아무리 아리스토텔레스가 훌륭한 학자였어도, 확실한 사실로 증명되지 않았는데 절대 진리인 것처럼 믿는 것을 납득할 수 없었습니다. 갈릴레이는 자신에게 질문을 던지고 스스로 대답을 찾아 나서곤 하였습니다. 이러한 자세로 부단히 노력하고 창조적으로 사고하는 것이 갈릴레이를 훌륭한 학자로 만든 원동력이었습니다.

갈릴레이는 어느 날 복도를 걷다가 한 교실 문이 열려 있는 것을 보았습니다. 교실 안에서는 학생들이 기하학에 관한 내용을 주제로 열띤 토론을 벌이고 있었습니다. 그 내용은 갈릴레이에게 너무나 흥미롭고 재미있었습니다. 그때부터 그는 의학 공부를 하지 않고 수학 공부에 매달렸습니다. 결국, 1585년 피사 대학을 중퇴하고 피렌체에서 수학 연구를 계속하였습니다.

어느 날, 피사에서 이름난 아주 큰 교회에 간 갈릴레이는 교회 천장에 매달려 흔들리고 있는 샹들리에를 물끄러미 쳐다보았습니다.

잠시 후 갈릴레이는 자신도 모르게 큰 소리로 외쳤습니다.

"크게 흔들리거나 작게 흔들리거나 한 번 흔들리는 데 걸리는 시간은 같다."

갈릴레이는 집으로 돌아와서 실에 단추를 매달아 흔들어 보고 시간을 재었습니다. 어떤 결과가 나왔을까요? 갈릴레이의 예상대로 움직이는 폭이 넓거나 좁거나 한 번 움직이는 데 걸리는 시간은 같았습니다. 이를 '진자의 등시성'의 원리라고 부릅니다. 그 후 갈릴레이는 이 실험을 이용하여 맥박을 재는 기계를 발명하였습니다.

이렇듯 갈릴레이의 마음속은 늘 다양한 호기심으로 가득 찼습니다. 왜 연기는 하늘로 올라가는지, 파도는 왜 치는지, 교회 지붕은 왜 뾰족한지 궁금했습니다.

이러한 수많은 의문들은 점점 갈릴레이를 수학 연구에 빠지게 하였습니다. 갈릴레이는 의문이 나는 점들에 대해 수학적으로 분석하거나 독창적으로 실험해 보곤 하였습니다.

피사의 사탑에서 쇠공을 떨어뜨리다

당시에는 아리스토텔레스의 낙하 법칙이 진리로 인정받고 있었습니다. 그래서 사람들은 물체가 떨어지는 속도는 그 물체의 무게에 비례하므로 무거운 것일수록 빨리 떨어진다고 믿었습니다. 그런데 갈릴레이의 생각은 달랐습니다. 갈릴레이는 물체의 무게와 상관없이 같은 속도로 떨어진다는 것을 밝혀내기 위하여 1590년에 피사의 사탑에서 낙하 실험을 했습니다.

"로베르트, 내가 내일 중요한 실험을 하려고 하는데 날 도와주겠나?"

"예, 그런데 무슨 실험을 하실 건데요?"

"수업 시간에 아리스토텔레스의 떨어지는 물체에 관한 이론에 대해 토의했던 것 기

억나지? 바로 그 주장이 옳지 않다는 것을 보이려고……”

“모든 교수님들과 학생들이 아리스토텔레스가 옳다고 믿고 있지 않나요?”

“진리가 곧 밝혀질 테지. 내일 아침 피사의 사탑에서 만나세.”

갈릴레이는 작은 쇠공 하나와 그것보다 열 배 무거운 쇠공 하나를 동시에 떨어뜨렸을 때, 2개의 쇠공이 땅에 도착할 때까지 걸리는 시간을 재어 보는 실험을 하려고 했던 것입니다.

다음 날, 갈릴레이가 하는 실험을 보기 위해 탑 주위로 사람들이 몰려들었습니다. 갈릴레이는 높이 55m의 탑에서 일반 시민, 철학자, 피사대학의 교수와 학생들이 지켜보는 가운데 공개 실험을 했습니다. 그는 자신을 비웃고 있는 군중을 둘러보면서 무게가 10배 차이가 나는 서로 다른 2개의 쇠공을 동시에 떨어뜨렸습니다.

그런데 어찌된 일일까요? 탑에서 동시에 떨어뜨린 두 쇠공이 정확히 같이 도착했습니다. 갈릴레이는 탑 아래로 허둥지둥 내려가면서 기뻐했습니다. 그러나 즐거움도 잠시였습니다. 오직 몇몇의 학생들만이 그를 인정하고 축하해 주었습니다.

대부분의 사람들은 뭔가 속임수가 있는 것 같다며 돌아가 버렸습니다. 그들은 자신의 눈으로 직접 보고도, 본 것을 믿으려 하지 않았습니다. 갈릴레이는 매우 실망스러웠지만, 그렇다고 하여 자신의 주장을 포기할 수는 없었습니다.

값지고 투철한 실험 정신

갈릴레이는 망원경을 발명해 근대 천문학의 길을 열었습니다. 그는 정교한 망원경을 이용하여 육안으로는 도저히 볼 수 없는 물체들을 관측하였습니다. 그는 달 표면이 울퉁

불퉁하다는 것을 발견하여 천체는 완벽한 공 모양이라는 고정관념을 깨뜨렸습니다. 갈릴레이는 자신이 발명한 망원경으로 천체를 관측해 달 표면과 목성 주위의 위성, 금성의 변화, 태양의 흑점 등을 발견하였습니다.

이 밖에도, 여러 차례 실험을 하면서 시행착오를 거친 끝에 온도계를 만들어 냈습니다. 가는 시험관에 물을 넣고 공기를 뺀 다음 시험관의 입구를 막으면 바깥 온도의 변화에 따라 물의 높이가 변하는데, 이 차이를 알아보기 쉽도록 시험관에 눈금을 표시한 것입니다. 이것이 1593년에 탄생한 세계 최초의 온도계입니다.

갈릴레이가 건강이 나빠지고 시력마저 완전히 잃은 채 쓸쓸히 여생을 마칠 무렵, 한 제자가 찾아왔습니다.

"안녕하세요? 교수님. 저를 기억하지 못하실 수도 있겠지만, 피사 대학에 다녔던 로베르트라고 합니다."

"피사에서 실험을 도와주었던 학생 아닌가? 무슨 일인가? 난 이제 기력이 없어 더 이상 그런 이상한 실험을 할 수 없다네."

"그 실험은 이상하지 않았어요. 저는 바로 그것 때문에 교수님께 감사드리고 싶어 찾아온걸요. 저에게 그런 실험 정신을 일깨워 주셔서 감사합니다. 저는 교수님이 하신 모든 연구 결과를 믿습니다. 언젠가 이 세상이 교수님께서 옳으셨다는 것을 깨닫게 될 것입니다. 그리고 교수님을 이렇게 대한 것을 후회하게 될 것입니다. 용기를 내세요."

로베르트는 흐느끼면서 말하였습니다.

지금 갈릴레이가 남긴 과학의 진리를 인정하지 않는 사람은 없습니다. 이것이 갈릴레이의 위대한 점이라고 할 수 있습니다. 갈릴레이는 경험과 실험과 관측을 통해서 그때까지 아무 의심 없이 진리로 받아들이던 오류들을 밝혀낸 위대한 과학자입니다. 이러한 갈릴레이의 여러 가지 과학적 업적들은 수학 발전에 큰 공헌을 했습니다.

갈릴레이가 되어 문제를 해결해 봅시다!

문제 15 어느 날 갈릴레이는 잃어 버렸던 9개의 유리 구슬을 찾았습니다. 그런데 이 구슬은 모두 모양이 같고, 1개만 무게가 달랐다고 합니다.

(1) 9개의 구슬 중 무거운 구슬은 1개라고 합니다. 접시저울을 이용하여 무거운 구슬을 찾으려 할 때, 접시저울을 최소한 몇 번 사용하면 무거운 구슬을 찾을 수 있을까요?

(2) 9개의 구슬 중 무게가 다른 구슬은 1개인데 다른 구슬보다 무거운지 가벼운지는 모른다고 합니다. 이때 접시저울을 최소한 몇 번 사용하면 무게가 다른 구슬을 찾을 수 있을까요?

르네 데카르트(René Descartes, 1596년~1650년)

프랑스 출생

철학자, 수학자, 과학자

대수와 기하를 결합시킴

파스칼과 함께 해석기하학의 창시자

사색을 즐긴 철학자
르네 데카르트

몸이 약해 주로 아침 늦게까지 침대에 누워 있던 이가 있었습니다. 어느 날 천장에서 움직이는 파리 한 마리를 보며 파리의 위치를 보다 정확히 나타내기 위하여 고민한 끝에 '좌표평면'을 발명하게 되었습니다. 결국, 이를 기초로 해석기하학을 탄생시킨 수학자 있었는데, 그가 바로 르네 데카르트입니다.

좌표평면의 우연한 탄생

어느 날 데카르트가 침대에 누워 있는데 파리 한 마리가 천장에 앉았습니다. 잠시 후, 그 파리는 방의 구석에 있는 천장 주위를 윙윙거리며 맴돌았습니다. 사색에 잠겨 있던 데카르트는 윙윙거리는 파리를 물끄러미 쳐다보았습니다. 그때 데카르트는 갑자기 그 파리의 위치를 어떻게 수학적으로 나타낼 수 있는지 궁금하였습니다. 그는 '맞닿아 있는 두 벽으로부터의 거리를 알 수 있다면 파리의 위치를 나타낼 수 있지 않을까?' 하고 생각했습니다. 이것은 곧 좌표를 이용하여 사물의 위치를 수학적으로 나타내게 된 동기가 되었습니다.

이를 수학적 용어로 좀 더 엄밀히 따져 보면, 수직선상의 원점을 기준으로 단위 길이를 정한 다음에 임의의 점 P에 대하여 매겨진 수를 점 P의 '좌표'라고 합니다.

x축과 y축을 포함하는 평면, 즉 xy평면이라고 하는 좌표평면에서의 임의의 점 P의 위치는 x축과 y축 각각에서 원점을 기준으로 얼마만큼 떨어진 위치에 있는지를 나타내고 있습니다. 이러한 좌표평면을 고안해 낸 사람이 바로 르네 데카르트입니다.

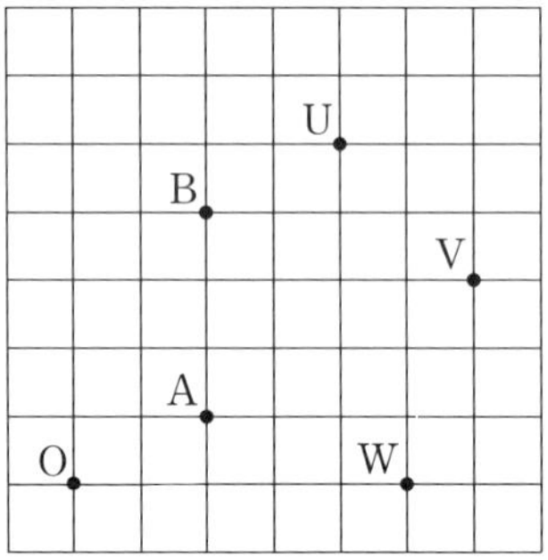

여기서 놀랄 만한 사실은 고작 파리 한 마리를 보면서 아이디어를 얻어 수학 역사에서 너무나도 중요한 개념을 탄생시켰다는 것입니다.

침대에 누워 수학을 연구하다

데카르트는 프랑스의 한 작은 도시 라에에서 태어났습니다. 그의 집안은 대대로 관직에 있었습니다. 아버지는 법관 귀족의 상담역으로 있었고 어머니는 데카르트가 태어난 지 한 달 만에 세상을 떠났습니다. 데카르트는 어려서부터 체질이 약한 탓에 자주 아팠습니다.

데카르트가 10세 되던 해, 아버지는 그를 유대인이 관리하는 라플레슈 학교에 입학시켜 그곳에서 공부하도록 하였습니다. 데카르트는 8년 동안 이 학교에 다니면서 여러 분야에 걸쳐 훌륭한 교육을 받았습니다. 특히, 이 학교를 다니면서 한 가지 습관이 몸에 배었습니다.

"땡! 땡! 땡!"

라플레슈 학교 기숙사에서 아침잠을 깨우는 종이 울렸습니다. 학생들은 기지개를 켜고 눈을 비비면서 가까스로 일어났습니다. 그런데 한 꼬마는 종이 울리자 오히려 이불을 푹 뒤집어쓰고는 다시 여유 있게 잠을 청하였습니다. 그가 바로 르네 데카르트였습니다. 학생들은 그런 데카르트가 얄밉기도 하고 부럽기도 하여 제각기 한 마디씩 불평을 늘어놓았습니다.

평상시 몸이 약한 데카르트는 교장 선생님의 허락을 받아 아침 시간에 특별히 잠을 더 잘 수 있었습니다. 친구들은 데카르트에게 그렇게 많은 시간을 침대에서 보내는 것이 오히려 건강에도 안 좋고 공부하는 데도 손해가 되니까 차라리 아침에 일찍 일어나서 운동을 하라고 권하였습니다.

하지만 데카르트는 침대에 오래 누워 있는 것이 좋았습니다. 그것은 잠을 많이 잘 수 있기 때문이 아니라 조용히 누워서 많은 생각을 할 수 있었기 때문입니다. 사실, 데카르트는 다른 친구들보다 일찍 잠에서 깨곤 했지만, 눈을 감고 자는 체 하면서 무언가를 생각하곤 하였습니다. 학교 기숙사는 아침에 매우 조용하기 때문에 그는 자신만의 생각에 몰두할 수 있었습니다.

데카르트는 라플레슈 학교에서 처음 5년 동안은 주로 문법과 문학을 공부했고, 이후에는 과학과 철학, 그리고 신학을 공부했습니다. 무엇보다도 그는 수학을 가장 좋아했습니다. 주로 아침에 침대에 누워서 하루 동안 해야 할 일과 공부에 대하여 미리 계획을 세우고, 때론 그렇게 누워서 수학 문제도 풀었습니다. 어떤 때에는, 아침에 누워서 생각했던 문제를 오후 수업 시간 중에 해결하기도 하였습니다. 학교를 졸업한 후에도 데카르트는 아침 늦게까지 침대에 누워 있곤 하였는데, 교장 선생님의 배려로 평생 동안의 습관을 얻게 된 셈입니다.

데카르트는 20세에 푸아티에 대학에서 법학을 전공하여 법학사 학위를 받고 파리로 돌아왔습니다. 그러나 데카르트는 변호사나 판사가 되는 일에는 별 매력을 느끼지 못하고, 잠시 방황을 하기도 하였습니다.

데카르트는 본래의 의지대로 수학과 철학에 심혈을 기울이기로 결심하였고 보다 넓은 세상 속에서 많은 것을 경험하기를 원했습니다. 그러기 위해서 입대하기로 결정하였고, 군대에 있는 동안 여러 나라를 다니며 그 나라 사람들을 만나고 그들의 문화와 관습에 대해 관찰할 기회를 가졌습니다. 다행히도 그가 군대에 있는 동안 전쟁이 일어나지 않았기 때문에, 독서와 사색, 그리고 저술 활동을 하면서 시간을 보낼 수 있었습니다.

그러던 어느 날 데카르트는 이상한 꿈을 꾸었습니다. 그는 꿈에서 깬 후에도 꿈속에서 봤던 것을 생생히 기억할 수 있었습니다. 데카르트는 신이 난 듯 친구들에게 말하였습니다.

"내가 무슨 꿈을 꾸었는지 그 장면을 완전히 설명할 수는 없지만, 분명히 이 꿈은 내가 지금부터 무엇을 해야 하는지를 알려주는 것 같아."

친구들이 데카르트가 무슨 말을 하는지 알 수가 없어 더 이야기해 보라고 하자, 데카르트는 계속 말을 이었습니다.

"아마, 너희들은 이해할 수 없겠지만, 나는 자연의 비밀을 푸는 열쇠를 보았어. 자연의 모든 것은 수학적 고리로 연결되어 있어!"

데카르트는 꿈에서 본 것과 꿈에서 얻은 영감을 노트에 기록하고, 그것을 토대로 연구에 몰두하기 시작하였습니다. 많은 사람들은 그 꿈이 데카르트에게 대수학과 해석학을 연결시킨 '해석기하학'의 아이디어를 제공해 준 것이라고 생각하였습니다. 이렇듯 해석기하학의 아이디어는 그의 꿈을 통해 나온 반면에, 구체적인 내용은 침대에서 오래 머무르는 습관에서 비롯되었습니다. 그 예가 바로 침대에 누워서 천장에 앉아 있는 파리를 쳐다보며 파리의 위치를 정확히 수학적으로 표현해 보려 했던 시도입니다. 한 마디로, 작은 곤충 한 마리가 거대한 수학적 발견을 이뤄내게 한 셈입니다.

결국, 이러한 해석기하학은 좌표기하학이라고도 불리는데, 해석기하학과 좌표계에 관한 데카르트의 아이디어가 실제로 발표되기까지는 무려 18년이라는 세월이 걸렸다고 합니다. 데카르트의 이러한 업적은 수학 및 과학의 발전에 아주 큰 영향을 미쳤으며, 그때까지 사람들이 수학에 대해 생각해 왔던 방식을 바꾸어 놓게 되었습니다.

죽는 순간까지 수학에 몰두하다

어느 날 데카르트는 스웨덴의 크리스티나 여왕으로부터 특별한 제안을 받게 되었습니다. 여왕은 데카르트가 스웨덴에 와서 자신의 스승 겸 조언자가 되어 주기를 원하였습니다. 데카르트는 조용한 집에서 그가 일어나고 싶을 때까지 마음껏 누워서 이것저것 생각하고, 또 시간이 나면 정원도 한가히 거닐 수 있는 그런 여유로운 생활이 좋았습니

다. 결국, 데카르트는 여왕의 부탁을 정중히 거절하였습니다. 하지만 19세밖에 되지 않은 욕심쟁이 크리스티나 여왕은 끈질기게 데카르트를 설득하였습니다.

결국, 1649년 데카르트는 스웨덴으로 거처를 옮겼는데, 그때 당시 그곳의 추위는 너무나 매서웠습니다. 데카르트가 우려한 대로, 그는 스웨덴의 혹독한 추위를 견디기가 무척 힘들었습니다. 추위에도 아랑곳하지 않고 공부에 열성적인 크리스티나 여왕은 새벽부터 데카르트와 철학 공부를 시작하였습니다. 평생 동안 따뜻한 침대에서 늦잠을 즐기며 사색에 잠기는 습관을 가진 데카르트로서는 감당하기 힘든 일이었습니다. 데카르트는 네덜란드의 조용하고 평화로운 집을 떠나온 것을 몹시 후회하였지만, 이미 때는 늦고 말았습니다. 어렸을 때부터 몸이 유난히 약했던 데카르트는 결국 폐렴에 걸려서 그 다음 해인 1650년에 사망하였습니다.

데카르트는 스톡홀름의 가톨릭 묘지에 묻혔는데, 그로부터 17년 후, 프랑스 정부는 데카르트의 시신을 프랑스 파리로 옮기기로 결정하였습니다. 그것은 그의 존재와 그가 이룬 업적이 프랑스 국민들의 가슴속에 영원히 남을 수 있도록 하기 위해서였습니다.

데카르트가 되어 문제를 해결해 봅시다!

데카르트의 좌표평면

데카르트가 서술한 《방법서설》이라는 책에는 모든 과학에 관한 철학적 고찰이 담겨 있습니다. 이 책의 가장 유명한 부분은 세 번째 부록에 해당하는 기하학 부분입니다. 데카르트는 기하학의 제1권에서 주어진 축을 x로, 이 축에 고정된 각도의 모서리를 y로 나타내고, x성분과 y성분 사이의 주어진 관계를 만족하는 점을 표시하려고 했습니다. 이는 현재 우리가 쓰고 있는 좌표평면의 시초이기도 합니다. 어떤 현상을 좌표평면에 표시해서 문제를 이해하면 더 쉽게 해결할 수 있습니다.

문제 16 다음과 같은 모양의 컵에 일정한 비율로 물을 채워 넣으려고 합니다. 시간과 컵에 담긴 물의 높이 사이의 관계를 그래프로 나타내어 보세요.

(1)
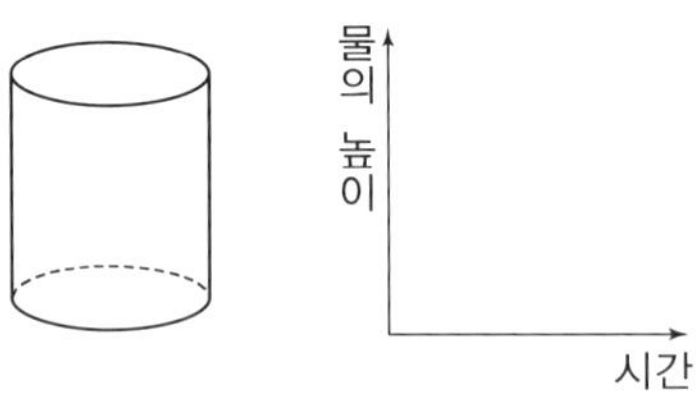

(2)
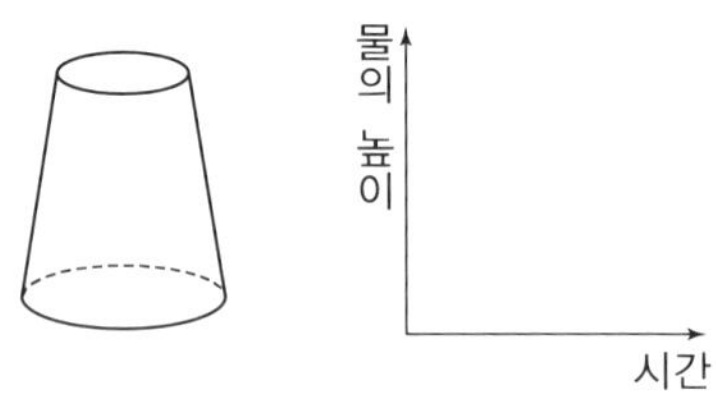

(3)
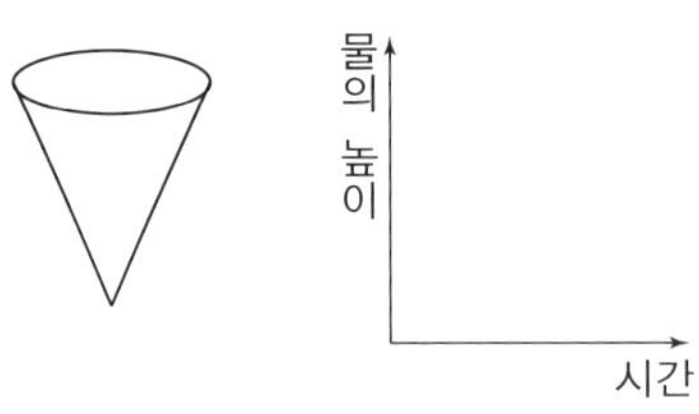

(4)
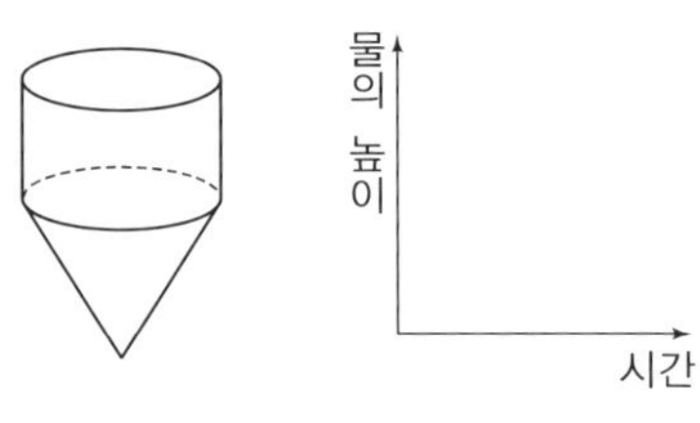

문제 17 다음 그림과 같이 2개의 칸막이가 있는 물통의 ㉯칸과 ㉰칸에 크기가 다른 돌을 넣고 ㉮ 쪽에서 초당 100cm^3의 물을 넣으면서 시간에 따른 물의 높이를 자로 재었습니다. 아래 그래프는 물을 넣은 시간과 물의 높이 사이의 관계를 나타낸 것입니다.(단, 물통의 높이는 30cm이고, 칸막이의 두께는 생각하지 않는다.)

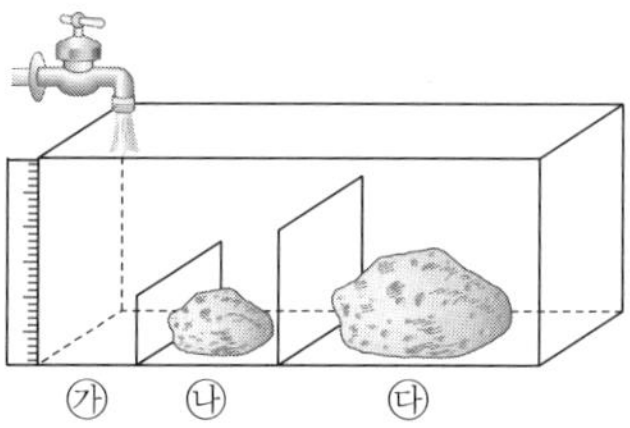

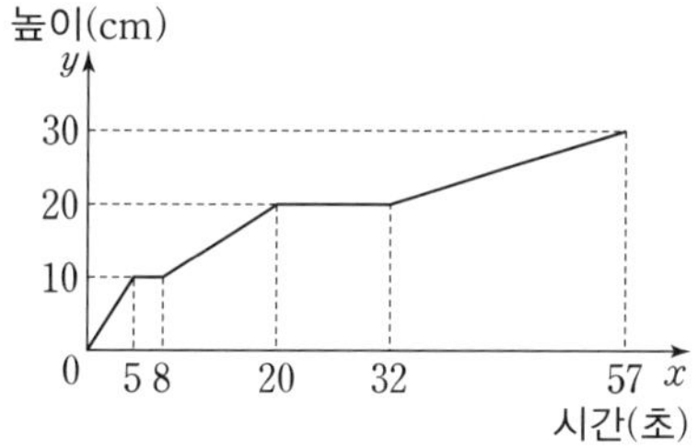

(1) 이 물통 전체의 밑넓이는 얼마일까요?

(2) ㉯칸에 넣은 돌의 부피는 얼마일까요?

피에르 페르마(Pierre De Fermat, 1601년~1665년)

프랑스 출생

수학을 취미로 공부한 법률가

'페르마의 마지막 정리'로 유명함

아마추어 수학의 왕자
피에르 페르마

평범한 공무원으로 수학자가 아니면서도 수학에 큰 흥미와 관심을
가지고 수학을 공부하면서 많은 수학 문제들을 해결하고
수학 발전에 큰 업적을 남긴 사람이 있었습니다.
그가 바로 법률가 페르마입니다.

페르마의 마지막 정리

"오늘 하루 종일 법정에서 재판하느라 피곤할 텐데 안 주무세요?"

아내가 묻자, 페르마는 빙그레 웃으면서 말했습니다.

"피곤하긴 한데, 《아리스메티카》가 너무나 재미있어 손을 놓지 못하겠구려."

페르마는 시간이 날 때마다 그리스 시대부터 내려오는 《아리스메티카》라는 책을 읽곤 하였습니다. 《아리스메티카》는 디오판토스라는 사람이 지은 것인데 수학 문제들이 잔뜩 적혀 있는 두꺼운 책이었습니다.

아내 루이스는 그런 수학책을 붙잡고 있는 페르마를 도저히 이해할 수 없다는 듯이 말하였습니다.

"당신은 수학자가 아니라 법률가에요. 수학 때문에 그렇게 많은 시간을 보내는 것은 정말 시간 낭비예요."

"당신도 알다시피, 최근 들어 나는 모든 재판에서 이겼잖소. 그 이유는 내가 수학 공부를 하면서부터 매사 좀 더 논리적이고 신중하게 사고할 수 있게 된 덕분이라고 생각하오."

《아리스메티카》에는 다음과 같은 식이 쓰여 있습니다.

○ × ☆ + △ × ☆ = □ × ☆

이 식에서 ○, △, □, ☆은 모두 자연수입니다. ☆이 1인 경우에 ○, △, □에 해당하는 알맞은 수가 각각 있습니다. ☆이 2인 경우에도 ○, △, □에 해당하는 알맞은 수가 각각 있습니다.

어떤 수가 있는지 여러분도 생각해 보세요.

디오판토스(Diophantos, 246년경~330년경)는 3세기 후반 알렉산드리아에서 활약했던 그리스의 수학자이며, 대수학의 아버지라고 불립니다. 주저로는 《산수론(算數論)》이 있습니다. 그는 《아리스메티카》에서 ☆이 3인 경우에는 ○, △, □에 해당하는 알맞은 수가 있는지 없는지 알 수가 없다고 하였습니다.

이 문제에 대해서 페르마는 곰곰이 생각해 보았습니다. 마침내, 그는 그 문제의 실마리를 찾아내고 그 책의 여백에 다음과 같이 썼습니다.

> 드디어 ☆이 2보다 클 때에는
> 그 식이 성립하지 않는다는
> 것을 발견했어.
> 그런데 아쉽게도 책의 여백이
> 너무 작아 그 이유를 적을
> 수가 없네.

이것은 페르마가 남긴 마지막 문제로 여겨져 '페르마의 마지막 정리'라고 불렸습니다. 그 후 오랫동안 많은 수학자가 이 정리를 증명하려고 애썼지만, 결국 그로부터 350년이 지나서야 비로소 소피 제르맹(Sophie Germain, 1776년~1831년)이라고 하는 여성 수학자가 그 이유를 밝히는 데 성공하였습니다.

수학 공부를 재미 삼아

페르마는 학교에서 수학을 공부한 것 이외에는 특별한 교육을 받지 않았고, 어렸을 때 특별히 수학을 잘하지도 않았습니다. 아버지도 평범한 상인이었습니다. 페르마는 평생 동안 평범한 공무원으로 일하면서 수학 공부를 즐겼고, 그동안 풀리지 않은 많은 수학 문제들을 해결하였으며, 그 흔적들을 책의 여백이나 친구들에게 보내는 편지의 여백에 낙서처럼 적어 놓았습니다.

페르마가 지금처럼 유명해지게 된 것은 그가 죽은 후에 발견된 낙서와 편지, 그리고 《아리스메티카》 여백에 적혀 있는 메모들을 그의 아들이 모아 책으로 출판하면서부터입니다. 많은 수학자들이 페르마의 수많은 메모 속에 숨어 있는 뜻을 밝혀내려고 밤잠을 설치며 진땀을 뺐다고 합니다.

물론 페르마가 살아 있는 동안, 주위에서 그에게 책을 발간하도록 권유한 적도 있습니다. 하지만 그는 자신이 수학자가 아니고 그냥 수학이 좋아서 취미로 하는 평범한 사람임을 강조하며, 자신에게 좋은 직장, 사랑스런 가족, 그리고 재미있는 수학이 존재하는 것만으로도 너무나 행복하다고 말하였습니다.

우리는 흔히 '음악이 아름답다', '미술 작품이 아름답다'라는 말을 하곤 하지만 '수학이 아름답다'라는 말은 잘 하지 않습니다. 그런데 페르마는 수학에서 발견되는 여러 가지 사실들을 보면서 아름다움을 느꼈다고 합니다. 또, 사람들이 음악을 들으며 기분 전환을 하듯, 그는 수학 공부를 하면서 삶의 활력을 찾곤 하였다고 합니다.

수는 아름답다

페르마는 여러 수학자들과 서신을 주고받기를 좋아했습니다. 특히, 파스칼과는 주로 확률론에 대해 이야기를 하였습니다. 또, 페르마는 대수학과 기하학에도 관심을 가지고 있었습니다. 페르마는 대수학은 인류에게 주어진 멋진 선물이지만 대수학의 공식들이 대부분 복잡하고, 기하학은 실제 세상에 대해 많은 것을 보여 주지만, 때론 너무 추상적이라고 생각하였습니다.

그런 생각 끝에, 페르마는 대수학의 아이디어와 기하학의 연구 방법을 서로 절충하여 보완하면 더욱 완벽한 학문을 이룰 수 있을 것으로 판단하였습니다. 이러한 그의 생각이 해석기하학을 탄생시키는 원동력이 되었습니다. 우연히도 같은 시기에 데카르트도 페르마와 같은 생각을 하였습니다. 그 후, 페르마와 데카르트는 서신을 통해 더 깊이 있는 연구에 몰두하게 되었습니다.

페르마는 확률론과 해석기하학에 중요한 공헌을 했지만, 사실 그가 수학을 좋아했던 근본적인 이유는 따로 있었습니다. 그것은 바로 수(number)가 지니고 있는 매력과 아름다움이었습니다. 그는 정수의 패턴이나 그 수들 사이의 관계를 살펴보는 일을 즐겼습니다. 그렇게 정리된 이론들이 오늘날 '현대정수론'이라 불리는 것입니다.

어느 날 밤 사무실에서 하루 일과를 마치고 쉬던 중에, 그는 자신과 1에 의해서만 나누어질 수 있는 수, 즉 소수(prime number)에 대해 생각하기 시작하였습니다. 페르마는 2, 3, 5, 7, 11, 13, 17, … 등의 소수를 생각해 내고, 숫자 2를 제외하면 모든 소수는 홀수라는 것을 알아내었습니다. 어떤 소수들은 다음과 같이 제곱한 두 수의 합으로 나타낼 수 있다는 것을 발견하게 되었습니다.

$$5 = 1^2 + 2^2 = 1 + 4,$$

$$13 = 2^2 + 3^2 = 4 + 9,$$

$$17 = 1^2 + 4^2 = 1 + 16$$

$$\vdots$$

페르마는 "모든 소수를 제곱한 두 수의 합으로 나타낼 수는 없다."라는 사실을 알게 되었습니다. 그는 많은 시행착오를 거치면서 연구한 결과, 소수는 다음과 같이 어떤 특징에 의해 두 가지로 구분될 수 있다는 것을 알게 되었습니다.

$$1,\ 5,\ 13,\ 17,\ 29,\ \cdots$$

$$3,\ 7,\ 11,\ 19,\ 23,\ 27,\ \cdots$$

어떤 특징이 있을까요? 페르마는 소수는 4로 나누었을 때 나머지가 1인 경우와 3인 경우로 나눌 수 있다는 것을 알게 되었습니다. 이때, 나머지가 1인 숫자만 제곱한 두 수의 합으로 나타낼 수 있다는 것을 알게 되었습니다.

그런데 이 부분 역시 메모 형식으로 기록을 남겼기 때문에 미처 발견되지 못하고 100년 이상 동안이나 그대로 방치되었다고 합니다. 그 후에 레온하르트 오일러(Leonard Euler)가 7년 동안 연구하여 1749년에 이 정리를 증명하였습니다. 이 정리는 '두 제곱 수의 정리'라고 하는데, 이것은 페르마가 발견한 여러 가지 이론들 중에서도 가장 아름다운 수학적 발견으로 간주되고 있습니다.

페르마는 수학에 남다른 열정과 깊은 관심을 가지고 대부분의 여가 시간을 수학을 공부하면서 보냈습니다. 페르마는 자신의 업적을 세상에 알리려고 하지 않았습니다. 그럼에도 불구하고, 그는 17세기의 가장 위대한 프랑스 수학자 중 한 사람으로 불리게 되었습니다. 학자들과 역사가들은 페르마에게 '아마추어의 왕자'라는 명예로운 직위를 붙여 주었습니다.

페르마가 되어 문제를 해결해 봅시다!

문제 18 '아하 문제'에서 '아하'란 알지 못하는 값을 말합니다.

> '아하'와 '아하'의 $\frac{4}{7}$의 합이 33이다.

'아하'는 얼마일까요?

문제 19 디오판토스가 남긴 책인 《아리스메티카》의 주석을 달던 페르마는 그 유명한 페르마의 마지막 정리를 남겼습니다. 당대의 유명한 수학자인 디오판토스는 문자식을 처음 사용한 사람입니다. 디오판토스는 죽은 후에도 수학을 알리고 싶어 하고, 후손들이 수학을 공부하기를 원했습니다. 디오판토스의 묘비를 보면 그 뜻을 잘 알 수 있는데, 그 묘비에 적혀 있다고 알려진 다음 문장을 보고 아래 문제를 풀어 보세요.

지나가는 나그네여, 이 비석 밑에 디오판토스가 잠들어 있소.

그의 생애를 수로 말하겠소. 일생의 $\frac{1}{6}$은 소년기였고, 일생의 $\frac{1}{12}$은 청년기였소. 그 뒤 다시 일생의 $\frac{1}{7}$은 혼자 살다가 결혼하여 5년 후 아들을 낳았고, 그의 아들은 아버지 생애의 $\frac{1}{2}$만큼 살다 죽었으며, 아들이 죽고 난 4년 뒤 비로소 디오판토스는 일생을 마쳤노라.

디오판토스는 몇 살까지 살았을까요?

블레즈 파스칼(Blaise Pascal, 1623년~1662년)
프랑스 출생 수학자
덧셈과 뺄셈이 가능한 계산기를 최초로 발명
'파스칼의 삼각형' 발견

수를 사랑한
블레즈 파스칼

아마 계산기가 없었다면 복잡한 계산을 하는 데 많은 불편이 따랐을 것입니다. 옛날에 아버지가 밤새 복잡한 계산을 하는 것을 보면서 고생을 덜어 드리기 위해 최초의 계산기를 만든 사람이 있었습니다. 그가 바로 블레즈 파스칼입니다.

수학 공부를 하면서 치통을 잊다

파스칼이 32세가 되던 1654년 어느 날, 그는 마차를 타고 가다 사고를 당해 의식불명 상태에 빠져 사경을 헤맸습니다. 겨우 고비를 넘기고 살아나게 되자, 파스칼은 이를 신의 은총으로 생각하였고 수학 공부를 중단한 채 종교에 깊은 관심을 가지고 종교에 대한 책을 만들 계획을 하였습니다.

그러던 어느 날, 파스칼은 끔찍한 치통에 시달리게 되었는데 도저히 그 통증을 견디기가 힘들었습니다. 파스칼은 예전에 수학 공부를 하면서 심한 통증을 견뎌내었던 기억을 떠올리며 다시 수학 공부를 하였습니다. 물론, 파스칼의 마음 한 구석에는 신의 뜻을 거역한다는 죄책감도 있었습니다. 그날 밤 파스칼은 사이클로이드, 즉 '원이 일직선으로 구를 때 그 원 안에 있는 한 점이 만드는 곡선'에 대하여 생각하기 시작하였습니다. 이는 그 당시 많은 수학자들이 해결하지 못하던 문제였습니다.

곰곰이 생각하던 파스칼에게 그 문제를 해결할 좋은 방법이 갑자기 떠올랐고, 그러자 신기하게도 금세 치통이 사라졌습니다. 파스칼은 수학 문제를 풀면서 치통이 사라진 것을 다시금 수학 공부를 해도 된다는 신의 계시로 여기고, 며칠 동안 사이클로이드 연구에 몰두하여 마침내 그 곡선에 관한 정리를 완벽하게 해내었습니다.

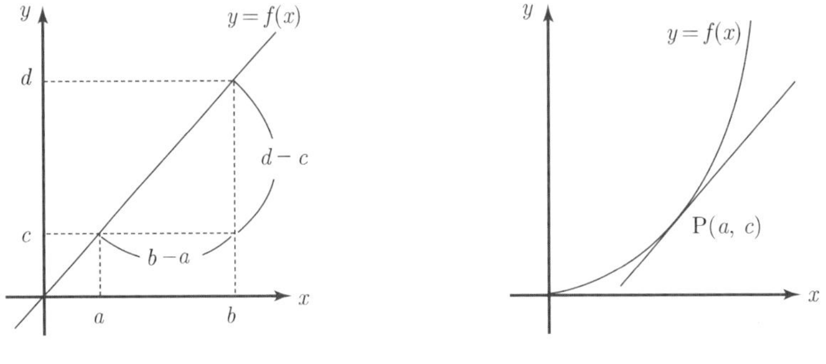

남달리 수학을 좋아한 파스칼

파스칼은 프랑스의 오베르뉴 지방에서 태어났습니다. 파스칼이 3세 되던 해에 어머니가 돌아가시고, 그 후 소년 시절 동안 파스칼은 두 누나와 함께 아버지를 따라 파리로 가서 생활했습니다. 아버지는 자녀들이 안쓰러워 가급적 편안하고 행복하게 생활할 수 있도록 최선을 다하였습니다. 파스칼은 학교에 다니고 싶었지만 워낙 몸이 허약해서 자주 아팠기 때문에, 아버지는 파스칼이 집에서 공부하는 것이 더 낫다고 생각하고 직접 공부를 가르쳐 주었습니다. 비록 파스칼은 정식으로 학교 교육을 받지 않았지만, 어릴 때부터 수학에 관한 천재적인 능력을 가지고 있었습니다.

"파스칼 때문에 걱정이네."

파스칼의 아버지는 그의 법률 사무소에서 한 사무관에게 고민을 털어놓았습니다.

"무슨 문제가 있으세요? 파스칼이 공부를 열심히 안 하나요?"

"아니, 정반대라 걱정이야. 쉬어가며 공부를 해야 할 텐데. 특히 수학은 더 그래. 그래서 책장을 자물쇠로 잠가 버렸다네."

"그것 참 행복한 고민이시네요. 제 아들 녀석은 열심히 안 해서 걱정인데."

사무관이 웃으면서 말했습니다.

"웃을 일이 아니라네. 난 사실 지난주에 파스칼 때문에 충격을 받았어. 글쎄 집에 가 보니, 기하학이라고는 한 번도 공부한 적이 없는 녀석이 방바닥에 삼각형을 그려 놓고 삼각형의 내각의 합은 2개의 직각의 합과 같다고 적어 놓았더군."

파스칼의 아버지는 이제 겨우 12세인 파스칼이 '삼각형의 내각의 합이 180도'라는 사실을 발견한 것에 대해 너무 놀란 나머지 기뻐하기보다는 걱정스러워했습니다.

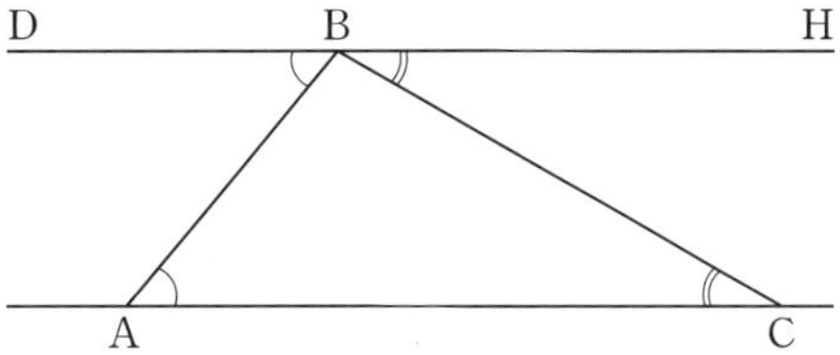

“제가 생각하기에는 걱정하실 일은 아닌 것 같은데요. 아무래도 아드님께서 특별한 재능을 가지고 있는 것 같아요. 오히려 그런 재능을 살리도록 도와주시면 훌륭한 학자가 될 수도 있지 않을까요?”

결국, 파스칼의 아버지는 사무관의 충고에 따라 파스칼과의 공부 전쟁을 그만두고 파스칼이 하고 싶은 대로 하도록 내버려 두었습니다. 파스칼은 독학으로 유클리드 기하학을 공부하였으며, 16세에 원뿔곡선에 관한 내용을 발표하여 당시의 수학자들로부터 주목을 받기 시작하였는데, 이를 ‘파스칼의 정리’라고 합니다.

계산기 발명

파스칼이 19세 되던 해, 파스칼은 루왕 시로 이사를 했습니다. 아버지가 루앙 시의 세무 관리자로 임명되었기 때문입니다. 파스칼은 수학을 연구하는 사람들과 친분을 맺으며 그곳에서의 생활에 만족하며 적응하였습니다. 그 다음해 어느 날 밤, 평상시에도 자주 아팠던 파스칼은 그날도 심한 두통으로 잠을 못자고 뒤척이고 있었습니다. 그때 옆방에서 아버지의 한숨 소리가 들려왔습니다. 저녁 내내 장부에 적힌 세금 계산을 해 보았지만 계산이 맞지 않았기 때문이었습니다.

파스칼은 막중한 책임을 맡고 고생하는 아버지가 안쓰러웠고, 아버지의 고민을 해결해 드리고 싶었습니다. 파스칼이 늘 아버지의 세금 계산을 돕곤 하였지만, 수학을 잘하는 파스칼도 그 번거로운 돈 계산에 진력이 났습니다. 파스칼은 자신에게 다짐을 하였습니다.

'내가 아버지를 도와 드려야지. 분명히 숫자를 빠르고 정확하게 계산할 수 있는 방법이 있을 거야.'

다음 날 파스칼은 밤새 두통으로 심하게 앓고 수척해진 모습으로 일어나 아버지를 위하여 쉽게 계산할 수 있는 일종의 '산술 기계'를 만들 계획을 세웠습니다. 그런데 막상 만들려고 하니 그리 쉬운 일이 아니었습니다. 여러 번의 시도 끝에 결국 파스칼은 덧셈과 뺄셈이 가능한 기계를 만들어 냈습니다. 세계 최초의 수동식 계산기가 탄생하게 된 것입니다. '파스칼리나'라고 불리는 이 계산기는 0에서 9까지의 숫자가 쓰인 톱니바퀴로 만든 것입니다. 나중에 라이프니츠가 제작한 계산기로는 곱셈과 나눗셈도 가능했지만 파스칼이 만든 파스칼리나는 덧셈과 뺄셈만 가능했습니다.

물론, 당시의 공업 기술로는 그리 정밀한 부품을 만들 수가 없었으므로 정확한 계산 결과를 내기는 어려웠습니다. 그러나 복잡하고 성가신 계산을 인간이 아닌 기계가 대신하도록 하는 독창적 아이디어와 또 그것을 실제로 설계하고 만들어낸 파스칼의 재능은 위대하고 높이 평가받기에 충분한 것이었습니다.

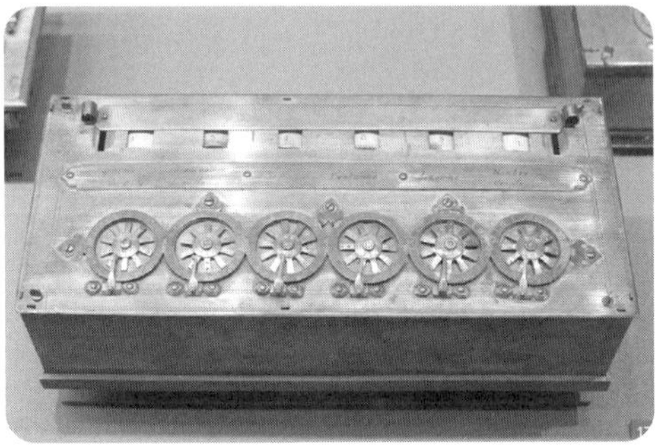

파스칼 계산기(파리국립기술공예박물관 소장)

파스칼 계산기는 오늘날 우리가 사용하고 있는 계산기의 원조이기도 합니다. 또한, 이로 인해 파스칼은 '컴퓨터 시대의 아버지'로 여겨지고 있으며, '파스칼'이라고 하는 중요한 컴퓨터 프로그램 언어도 있습니다.

파스칼 삼각형

파스칼의 주 관심사는 기하학으로, 그의 또 다른 업적은 확률론의 기초를 형성한 것이라 할 수 있습니다. 1654년 어느 날, 파스칼은 슈발리에 드 메레라는 도박사로부터 서신을 받았습니다. 자신이 도박에서 이길 수 있는 계산법을 만들어서 그대로 하는데도 자꾸 돈을 잃는다고 하며, 파스칼에게 그 계산법이 맞는지를 검토해 달라고 하였습니다. 파스칼은 도박에는 별 관심이 없었지만, 그가 보내온 문제에 흥미가 생겼습니다.

파스칼은 그 전문 도박사의 계산법에 착오가 있다는 사실을 알아냈을 뿐만 아니라, 그때부터 확률이나 운과 같은 것을 수학적으로 어떻게 예측할 수 있는지에 관심을 가지게 되었습니다. 파스칼은 그 당시 최고의 수학자인 페르마와 편지를 주고받으면서 확률론의 기초를 닦게 되었습니다. 확률론은 어떤 일이 일어날 가능성을 예측하는 수학의 한 분야입니다. 도박사의 문제에서 시작된 확률 이론은 오늘날 수리 통계, 생물학, 물리학 등 여러 분야에서 기초가 되어 이용되고 있습니다.

파스칼은 도박사 슈발리에 드 메레와도 점점 가까워지며 친분을 쌓고 있었습니다. 그러던 어느 날, 도박사 드 메레가 파스칼에게 다음과 같은 문제를 보냈는데, 지금까지도 이 문제는 유명합니다.

실력이 비슷한 A, B 두 사람이 금화를 32개씩 걸고 내기를 했는데 승부에서 한 번 이기면 1점을 얻습니다. 먼저 3점을 얻은 사람이 금화 64개를 모두 갖기로 했는데 A가 2점, B가 1점을 얻은 시점에서 부득이 시합을 중단하게 되었다면 금화 64개를 어떻게 분배해야 옳은 것인가요?

파스칼은 다음과 같이 답하여 편지를 보냈습니다.

세 번의 게임 중 A가 2번, B가 1번 이겼습니다. 다음 경기에서 A가 이길 확률은 $\frac{1}{2}$, B가 이길 확률도 $\frac{1}{2}$입니다. 지금까지 A가 2번, B가 1번 이긴 상태에서 한 번 더 게임을 할 경우, A가 이기는 방법은 다음 게임인 네 번째 게임에서 이기거나, 이 게임은 지고 그 다음 게임에서 이기는 것입니다. 구하는 확률은 $\frac{1}{2}+\frac{1}{2}\times\frac{1}{2}=\frac{3}{4}$이고, A가 이길 확률이 $\frac{3}{4}$이므로 B가 이길 확률은 $\frac{1}{4}$입니다. 따라서 64개의 금화를 $64\times\frac{3}{4}=48$(개), $64\times\frac{1}{4}=16$(개)으로 분배하여야 합니다.

한편, 파스칼은 페르마로부터 가르침을 받으면서, 확률을 계산하는 데에 '조합 이론(사물을 배열하거나 조합하는 이론)'을 이용하는 방법을 알게 되었고, 다음과 같이 피라미드 모양으로 숫자를 쌓아 올린 수의 조합을 발견하였습니다.

$$
\begin{array}{ccccccccccc}
 & & & & & 1 & & & & & \\
 & & & & 1 & & 1 & & & & \\
 & & & 1 & & 2 & & 1 & & & \\
 & & 1 & & 3 & & 3 & & 1 & & \\
 & 1 & & 4 & & 6 & & 4 & & 1 & \\
1 & & 5 & & 10 & & 10 & & 5 & & 1 \\
 & & & & & \vdots & & & & &
\end{array}
$$

여기서 배열된 숫자들을 잘 살펴보면 어떤 특징을 발견할 수 있는데, 우선 각 숫자들은 모두 위에 있는 2개의 숫자를 합한 것과 같습니다. 그렇다면 우리는 여섯 번째 줄에는 어떠한 수가 놓이게 될지를 쉽게 예상할 수 있을 것입니다. 이 밖에도 이 삼각형에는 다른 성질들이 있습니다. 예를 들어, 대각선 방향으로 나열된 수를 더하면 그 합을 이 삼각형 안에 있는 수에서 찾을 수 있습니다.

이러한 수의 피라미드는 파스칼 이전 시대부터 있어 왔지만 파스칼이 이 삼각형에서 여러 가지 흥미로운 성질을 발견해 냈기 때문에 그의 이름을 따서 '파스칼 삼각형'이라 불리게 되었습니다.

파스칼 삼각형은 이항전개를 하는 데에도 편리하게 이용할 수 있습니다.

예를 들어,

$(a+b)^1 = a+b$ — a의 계수는 1, b의 계수는 1

$(a+b)^2 = a^2+2ab+b^2$ — a^2의 계수는 1, ab의 계수는 2, b^2의 계수는 1

$(a+b)^3 = a^3+3a^2b+3ab^2+b^3$ — a^3의 계수는 1, a^2b의 계수는 3, ab^2의 계수는 3, b^3의 계수는 1

위의 식에서는 다음과 같은 규칙성을 발견할 수 있습니다.

$(a+b)^1$의 이항전개식의 계수는 1, 1

$(a+b)^2$의 이항전개식의 계수는 1, 2, 1

$(a+b)^3$의 이항전개식의 계수는 1, 3, 3, 1

$(a+b)^4$의 이항전개식의 계수는 1, 4, 6, 4, 1

$(a+b)^5$의 이항전개식의 계수는 1, 5, 10, 10, 5, 1

이항전개를 하여 만들어진 식의 계수들을 쭉 나열한 것이 파스칼 삼각형과 같다는 것을 알 수 있습니다. $(a+b)^{10}$과 같이 복잡한 식을 일일이 전개하는 것은 쉽지 않습니다. 이럴 때, 파스칼 삼각형을 이용하여 정확하고 보다 손쉽게 이항정리를 할 수 있습니다.

《팡세》에 남긴 명언

파스칼은 부자가 되거나 유명해지는 데에는 별 관심이 없었으며, 오히려 자신보다 어려운 형편에 있는 사람들을 도와주곤 하였습니다. 한번은 집 없는 가난한 사람들을 자신의 집에서 살도록 하였는데, 그 가족이 천연두에 걸리자 그들을 쫓아내기는커녕 파스칼 자신이 누나네 집으로 옮기기도 하였습니다. 파스칼은 그로부터 두 달 후인 1662년 6월에 암에 걸려 심한 통증으로 고생하다 결국 39세라는 젊은 나이로 세상을 떠났습니다.

짧은 생애 동안 파스칼은 중요한 수학 원리와 이론들을 많이 발견해 내었습니다. 계산기 외에도 외바퀴 손수레를 최초로 발명하였고, 심지어는 버스를 고안하여 파리 시민들을 위한 대중교통 체계를 제안하기도 하였습니다. 또, 파스칼은 대기압과 진공에 관한 물리학 연구에도 관심을 두었는데, 이러한 발견들은 후대의 물리학 연구에 중요한 밑거름이 되었습니다.

파스칼이 사망하자, 그의 누나인 질베르트가 파스칼의 물건들을 정리하다가 서랍 안에서 무언가를 잔뜩 적어 놓은 종이들을 발견하였습니다. 자세히 살펴보니 그것은 파스칼이 평소에 인생과 종교에 대해 자신의 생각들을 정리해 놓은 것이었습니다. 파스칼은 그렇게 뛰어난 학자였음에도 불구하고, 수학에 대한 부족함과 한계를 느끼게 되면서 점점 사색적이고 종교적인 문제에 심취했던 것 같습니다.

질베르트는 파스칼의 생각들을 소중히 간직하기 위하여 그 종이에 쓰인 글들을 모아 책으로 만들었습니다. 이 책이 바로 '인간은 생각하는 갈대'라는 아주 유명한 말이 적힌 《팡세(*Pensees*)》입니다. 팡세는 '명상록'이라는 뜻입니다. 이 책은 파스칼 시대 이후의 신학자들과 철학자들에게 매우 커다란 영향을 끼쳤습니다. 이 책에는 다음과 같이 귀한 말이 담겨 있습니다.

> 인간은 누구나 나약한 존재입니다.
> 그러나 인간은 생각하고 행동하는 힘을 갖고 있기 때문에
> 더 높은 수준으로 발전될 가능성이 있습니다.

파스칼이 되어 문제를 해결해 봅시다!

파스칼 삼각형

다음을 계산하면 얼마일까요?

$$1+3+6+10+15+21+28+36+45+55$$

이 수들의 합도 파스칼 삼각형을 이용하면 쉽게 구할 수 있습니다. 그림에서처럼 이 수들은 파스칼 삼각형의 두 번째 대각선의 10행까지의 수를 나열한 것입니다. 따라서 위에 주어진 수의 합은 마지막 55의 오른쪽 아래 행의 수인 220입니다.

1
1 1
1 2 1
1 3 3 1
1 4 6 4 1
1 5 10 10 5 1
1 6 15 20 15 6 1
1 7 21 35 35 21 7 1
1 8 28 56 70 56 28 8 1
1 9 36 84 126 126 84 36 9 1
1 10 45 120 210 252 210 120 45 10 1
1 11 55 165 330 462 462 330 165 55 11 1
1 12 66 220 495 792 924 924 495 220 66 12 1

수 표현 방법

자연수를 순서를 고려하여 다른 자연수들의 합으로 표현하는 방법은 몇 가지나 될까요?

예를 들어, 합이 2가 되는 방법은 2, 1+1로 총 두 가지 방법이 있습니다. 합이 3이 되는 경우는 3, 1+2, 2+1, 1+1+1로 총 네 가지 방법이 있습니다.

문제 20 (1) 자연수의 합이 4가 되는 경우를 각각 구해 보세요.

(2) 다음은 앞에서 한 것과 같은 방법으로 5를 자연수의 합으로 표현하는 방법의 개수를 구하는 과정입니다. 빈칸을 채워 보세요.

더하는 자연수의 개수	1	2	3	4	5
방법의 수					
	총합 :				

(3) 자연수 5의 분할 방법의 수는 파스칼 삼각형의 4행의 합과 같습니다. 파스칼 삼각형을 이용하면 주어진 자연수의 순서를 고려하여 다른 자연수들의 합으로 표현하는 방법(분할)의 수를 구할 수 있습니다. 그렇다면 자연수 8을 분할하는 방법은 총 몇 가지일까요?

아이작 뉴턴(Isaac Newton, 1642년~1727년)
영국의 수학자
천문학자, 물리학자, 수학자
미적분학의 발전에 기여하고, 만유인력 법칙을 발견함

만들기의 귀재
아이작 뉴턴

옛날에 어려서 몸도 약하고 공부도 썩 잘하지 못했지만,
강한 호기심과 집념을 가지고 꾸준히 노력하여
유명한 물리학자이자 천문학자, 수학자가 된 사람이 있습니다.
그가 바로 아이작 뉴턴입니다.

만유인력의 법칙

뉴턴은 굴절되는 빛을 이용해 백색광이 빨주노초파남보의 일곱 가지 색으로 이루어져 있다는 사실을 발견해 내어 광학의 기초를 마련한 사람입니다. 또한 40배나 확대할 수 있는 망원경을 발명하기도 했습니다. 이런 뉴턴의 업적 중 가장 잘 알려진 것은 만유인력의 법칙입니다.

영국 전역에 전염병인 페스트가 돌자 대학이 잠시 휴교하게 되어, 뉴턴은 집으로 돌아와 어머니의 농장 일을 도왔습니다. 그러던 어느 날 뉴턴이 사과나무 아래에 앉아 골똘히 생각에 잠겨 있을 무렵, 사과나무에서 갑자기 사과가 뚝 떨어지는 것을 우연히 보았습니다. 뉴턴은 '사과는 저렇게 땅에 떨어지는데, 달은 왜 지구에 떨어지지 않는 것일까?' 하고 생각하였습니다. 그렇지 않아도 뉴턴은 행성이 정해진 궤도를 따라 움직이게 하는 힘이 대체 뭘까 고민하던 중이었습니다. 뉴턴은 나무에서 떨어진 사과를 보며 우리 눈에는 보이지 않지만 물체들 사이에는 서로를 끌어당기는 힘이 존재할 것이라고 믿게 되었습니다.

마침내 지구 주위를 도는 달과 땅으로 떨어지는 사과는 같은 힘에 의해 운동을 하는 것이라는 법칙을 만들어 냈고, 이것이 바로 '만유인력의 법칙'이라고 불리는 것입니다. 오늘날, 스릴과 짜릿함을 만끽하기 위하여 즐기는 번지 점프도 만유인력의 법칙으로 설명할 수 있습니다.

그런데 일부 학자들은 뉴턴이 사과가 나무에서 떨어지는 것을 보고 만유인력의 법칙을 알아냈다고 하는 것은 후세에 만들어진 이야기이고, 사실은 행성의 타원 운동을 연구한 케플러라는 학자의 법칙을 통해 알아냈을 것이라고도 합니다.

만들기를 좋아했던 뉴턴

나무에서 떨어지는 사과를 보고 만유인력을 발견하였으니, 뉴턴이 어렸을 때부터 굉장히 똑똑했을 것이라 생각할 수도 있습니다. 하지만 그는 미숙아로 태어나 어려서부터 몸이 매우 약했고 공부도 썩 잘하지 못하여 친구들로부터 따돌림을 당하곤 하였습니다. 뉴턴은 친구들과 어울려 놀기보다는 혼자 책을 읽거나 뭔가 골똘히 생각하면서 시간을 보낼 때가 많았습니다.

뉴턴이 13세쯤 되던 어느 날, 덩치도 크고 공부도 잘하는 아이가 자신을 몹시 괴롭히자 필사적으로 싸워서 이긴 적이 있습니다. 그때부터 뉴턴은 몸도 튼튼하게 만들고 공부도 더욱 열심히 하겠다고 속으로 다짐했다고 합니다. 비록 뉴턴이 또래 친구들에 비해 뛰어난 영특함을 지니지는 않았지만, 다른 큰 장점을 가지고 있었습니다. 무엇이었을까요?

바로 호기심과 집중력입니다. 뉴턴은 주로 집중하여 책을 읽거나 다양한 물건들을 이용하여 뭔가를 만드는 것을 좋아했습니다. 어느 날, 뉴턴은 작은 쳇바퀴를 만들어서 옥수수 알과 쥐를 함께 그 안에 넣었습니다. 배가 고픈 쥐는 옥수수 알을 먹기 위해 안간힘을 썼지만, 옥수수 알은 잡히지 않고 계속 쳇바퀴만 돌았습니다. 이렇게 하여 만든 것이 바로 풍차입니다.

또한 뉴턴은 해시계를 만들어 집에 붙여 놓기도 했고 연에 횃불을 달아서 어두운 밤에 날려 사람들을 깜짝 놀라게 했습니다.

평생의 스승을 만나다

뉴턴이 태어나기도 전에 아버지는 이미 돌아가시고 어머니 혼자 농장 일을 도맡아 하였습니다. 그러니 뉴턴도 어머니를 도와 밭일을 하거나 장사를 해야 했습니다. 하지만 뉴턴은 공부가 하고 싶어서 몰래 숨어서 책을 읽곤 했습니다. 그런 뉴턴을 보면서 어머니는 그를 대학에 보내기로 하였습니다.

결국, 뉴턴은 18세 되던 해에 영국의 케임브리지 대학에 입학하게 되었는데, 대학생이 되서도 혼자 지내는 것을 좋아했습니다. 어느 날 뉴턴은 허름한 책방을 지나가다가 그곳에 들러 천문학에 관한 책을 한 권 샀습니다. 그 책을 읽으면서 행성, 태양, 달에 매료되었지만, 그 책에는 자신이 이해하지 못하는 내용이 많다는 것을 알게 되었습니다. 그는 우선 기하학과 삼각법을 공부해야겠다고 느꼈는데, 이것이 뉴턴이 처음으로 수학에 관심을 갖게 된 계기였습니다. 뉴턴은 유명한 학자들의 글을 통해 유클리드, 데카르트, 케플러를 알게 되었고, 이들을 마음속으로 자신의 스승으로 섬기며 존경하였습니다.

어느 날, 나무 아래에서 책을 읽고 있는 뉴턴에게 어떤 이가 다가와 물었습니다.

"이봐, 젊은이. 혹시 아이작 뉴턴 아닌가? 자네 만나기를 고대했네. 나는 수학과 교수 아이작 배로라고 하네."

아이작 배로를 만난 것은 아이작 뉴턴의 일생에 있어서 최고의 행운이었습니다. 배로 교수는 자신의 학생들이 최선의 결과를 얻을 수 있도록 도와주고 격려해 주는 훌륭한 분이었습니다. 두 사람은 함께 고민하고 연구하는 좋은 친구가 되었습니다.

뉴턴은 대학 시절에 이미 이항정리와 만유인력의 법칙의 기초를 닦고 빛의 합성 원리 등과 같은 획기적인 발견을 이루어 냈습니다. 배로 교수는 이러한 뉴턴의 뛰어난 능력을 알아차리고 26세의 뉴턴이 케임브리지 대학의 교수가 되도록 도와주었습니다. 그곳에서 뉴턴은 18년 동안 학생들을 가르쳤는데, 그의 연구 방식은 주로 실험을 하고 그 결과를 분석한 후, 분석한 내용을 이용하여 또다시 실험하여 새로운 결과를 이끌어 내는 것이었습니다. 그런 철두철미한 실험 정신이 그를 세기의 위대한 과학자로 군림할 수 있게 하였습니다.

뉴턴은 대학 교수 시절 초기에는 광학에 관한 강의를 주로 하였습니다. 자신이 만든 망원경을 보여 주고 거대한 렌즈들이 어떻게 작동하는지를 설명했습니다. 그의 이론은 책으로 출판되어 전 세계에 알려졌는데, 많은 사람들이 그 이론이 정말로 옳은 것인지를 따졌습니다. 뉴턴은 자신의 이론을 변호하는 데 너무나 많은 시간과 노력이 드는 것에 대해 회의감을 느끼고 그가 발견한 위대한 결과물들의 대부분을 몇 년간 발표하지 않고 책상 위에 그대로 두었습니다.

놀라운 집중력의 소유자

뉴턴이 여러 분야에 큰 업적을 남길 수 있었던 것은 타고난 재능 이외에도 놀라운 집중력 덕분이었습니다.

한번은 뉴턴이 친구들을 집으로 초대하여 저녁을 함께 먹었습니다. 기분이 좋아진 뉴턴은 포도주를 마시기 위하여 다른 방으로 포도주를 가지러 갔다가 갑자기 그동안 고민해 왔던 수학 문제의 해결 방법이 떠올랐습니다. 그래서 그것을 잊어버리기 전에 정리해야 한다는 생각과 흥분된 마음으로, 그날 밤 친구들이 자기 집에 머물러 있다는 사실을 까맣게 잊어버렸다고 합니다.

또 한번은, 뉴턴의 친구가 그를 저녁 식사에 초대하였는데, 그는 뭔가를 골똘히 생각하다 친구 집에 늦게 도착하였습니다. 뉴턴을 기다리던 친구가 너무나 배가 고파 맛있게 요리해 놓은 닭고기를 다 먹어 버린 뒤였습니다. 그래서 뉴턴이 저녁을 먹으려 했을 때에는 식탁 위에 앙상하게 남은 닭 뼈만 있었습니다. 그런데도 뉴턴은 머릿속이 딴 생각으로 가득 차 있어서 자신이 그것을 다 먹은 것으로 착각하여 "아참, 내가 다 먹었지."라는 어이없는 말을 했다고 합니다.

그러한 놀라운 집중력은 뉴턴이 결혼하지 않고 평생 혼자 살게 만든 주범이기도 합니다. 뉴턴도 젊은 시절에 한때 연애를 한 적이 있었습니다. 어느 날 그가 연인의 손을 잡고 애정 어린 눈빛으로 그녀를 바라보고 있었습니다. 그런데 뉴턴은 그 상황에서 이항정리에 대해 골똘히 생각하다 그만 실수로 자신의 담배 파이프에 연인의 손가락을 집어넣고 말았습니다. 비명을 지르는 연인의 소리에 놀라 뉴턴은 그제야 정신이 번쩍 들었습니다. 그는 연인에게 깊이 사과하며, 자신과 같은 사람은 평행 혼자 살아야 한다고 생각하였습니다. 결국, 뉴턴은 결혼을 포기하고 평생 독신으로 살면서 학문을 연구하는 데 몰두하였습니다.

미적분의 탄생

뉴턴은 17세기의 유명한 과학자인 동시에 뛰어난 수학자이기도 했습니다. 그는 수학에서도 여러 분야를 연구했습니다. 이항정리를 시작으로 무한급수로 진전하는 수학을 이루어 냈으며, 특히 미적분학 분야에서 가장 잘 알려져 있습니다.

미적분학은 17세기에 가장 주목할 만한 수학적 발전을 가져왔고, 또한 현대 과학이 발달하는 데에 가장 큰 영향을 미친 것으로 알려져 있습니다. 대표적인 예로, 집에서 흔히 볼 수 있는 텔레비전, 세탁기, 오디오 등 모든 가전제품에는 미분의 원리를 이용한 소형 발전기나 변압기가 들어 있습니다. 또, 컴퓨터 그래픽을 이용하여 자동차의 겉모양을 그릴 경우에 몇 개의 점만 입력하면 컴퓨터가 미분을 사용하여 그 점을 부드러운 곡선으로 연결해 줍니다. 이뿐만 아니라, 어른들이 많이 하는 주식이나, 로켓과 같은 첨단 과학 산업 분야에서도 미적분은 중요한 역할을 하고 있습니다.

이 놀라운 수학의 발견이 바로 아이작 뉴턴에 의해 이루어졌으니 정말 존경하지 않을 수 없습니다. 그런데 이러한 미분과 적분을 뉴턴뿐만 아니라 같은 시기에 독일의 유명한 수학자인 라이프니츠도 연구하였습니다. 뉴턴이 라이프니츠보다 먼저 미적분을 발견했다고 알려져 있지만 먼저 공식적으로 발표한 사람은 라이프니츠였습니다. 놀랍게도 두 사람이 서로 교류도 없이 독립적으로 비슷한 이론을 만들어 냈던 것입니다. 그러나 두 사람이 만들어 낸 미적분 이론의 과정이나 표기 방법 등이 상당히 달라서 서로 자신이 먼저라고 주장하지는 않았습니다.

그러던 어느 날, 뉴턴을 신봉하던 파티오라는 사람이 라이프니츠가 뉴턴의 아이디어를 훔친 것이라고 주장하면서 떠들고 다녔습니다. 라이프니츠가 여기에 반론을 제기하면서 결국에는 두 사람 간에 논쟁이 벌어지게 되었습니다. 설상가상, 애국심 강한 일반인들도 참여하면서 영국 대 독일 간의 논쟁으로까지 발전하게 되었습니다. 결국 뉴턴보다 나이가 어린 라이프니츠가 세상을 먼저 떠나면서 사태는 진정되었습니다.

그래도 훌륭한 학자였던 라이프니츠는 뉴턴의 위대함을 인정하며 "지금까지 이 세상에 존재하는 모든 수학 이론을 고려해 볼 때, 뉴턴이 이룬 업적이 절반 이상입니다."라는 말을 남겼다고 합니다.

흔히 위대한 사람들은 타고난 천재이고 모든 면에서 완벽하다고 생각합니다. 하지만 에디슨과 같은 위인과 마찬가지로 뉴턴은 완벽한 사람이 아니었습니다. 아니, 오히려 아이작 뉴턴은 미숙아로 태어나 외모도 볼품이 없었고 집안은 가난한 그저 지극히 평범한 학생이었습니다. 그러나 결국 뉴턴은 지금까지 살았던 수학자들 중에서 가장 위대한 수학자로 손꼽히고 있습니다.

무엇이 뉴턴을 그렇게 만들었을까요? 세상에 대해 강한 호기심을 가지고 자신이 진정으로 좋아하는 것에 집중하며 최선을 다한 덕분일 것입니다.

뉴턴이 사과가 떨어지는 것을 보고 만유인력의 법칙을 발견하자, 누군가 그에게 "어떻게 그 법칙을 알아냈습니까?"라고 물었습니다. 그러자, 뉴턴은 "항상 그 생각만 하고 있었으니까요."라고 대답했다고 합니다.

그리고 뉴턴은 다음과 같은 말을 남겼습니다.

"진리가 바다와 같다면 나는 바닷가의 모래밭에서 매끄러운 돌과 아름다운 조개를 찾는 어린아이에 불과하다."

뉴턴이 되어 문제를 해결해 봅시다!

RGB 가산 혼합

RGB 가산 혼합은 빛의 삼원색을 이용하여 색을 표현하는 방식입니다. 빨강(Red), 초록(Green), 파랑(Blue) 세 종류의 광원(光源)을 이용하여 색을 혼합하며, 색을 섞을수록 밝아지므로 '가산 혼합'이라고 합니다.

RGB 색상모델의 색들은 빨강(R), 초록(G), 파랑(B)의 빛을 얼마만큼 함유하고 있는가에 의해 표현되는데, 이 색상은 RGB 순서쌍 (r, g, b)로 나타낼 수 있습니다. 각 성분은 0부터 정의되는 최댓값까지의 값을 가지며, 모든 성분이 0이면 검정색이고, 모든 성분이 최댓값일 때 흰색이 됩니다. 이 성분의 범위는 여러 가지 방법으로 나타낼 수 있는데, 예를 들면 0부터 1까지의 분수, 또는 0%부터 100%까지의 백분율로 나타낼 수 있습니다.

컴퓨터에서는 종종 한 픽셀의 색상을 표현하기 위하여 사용된 비트의 수에 의존하여 음이 아닌 정수로 나타냅니다. n비트를 사용한다면, 각 성분의 범위는 0에서 $(2^n - 1)$이 되어, 나타낼 수 있는 색상은 2^{3n}가지가 됩니다. 예를 들어, 8비트를 사용하는 경우 각 성분의 범위는 0부터 255까지이며, 16진법을 사용하면 00부터 FF까지 나타낼 수 있고, 모두 $2^{24} = 16,777,216$가지의 색상을 표현할 수 있습니다.

예) 빨강(R)을 나타내는 여러 가지 표기법

표기법	RGB 순서쌍
연산	(1.0, 0.0, 0.0)
비율	(100%, 0%, 0%)
8비트	(255, 0, 0) 또는 #FF0000 (16진법)
16비트	(65535, 0, 0)

빛의 RGB 색 공간과 삼차원 공간

위에서 구한 RGB 순서쌍 (R, G, B)를 직교좌표계에 대응시키면 다음과 같은 RGB 색의 공간을 얻게 됩니다.

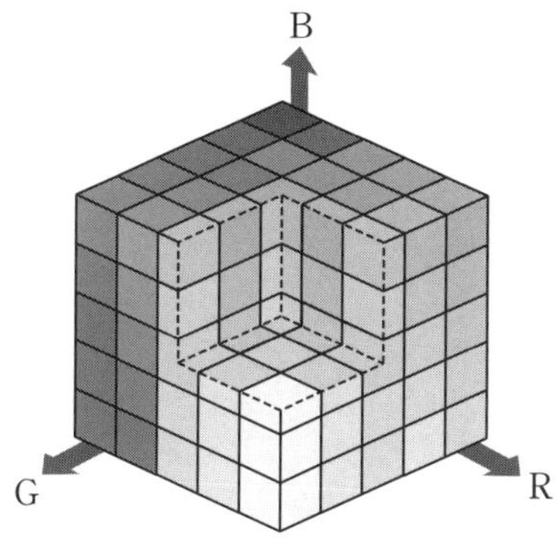

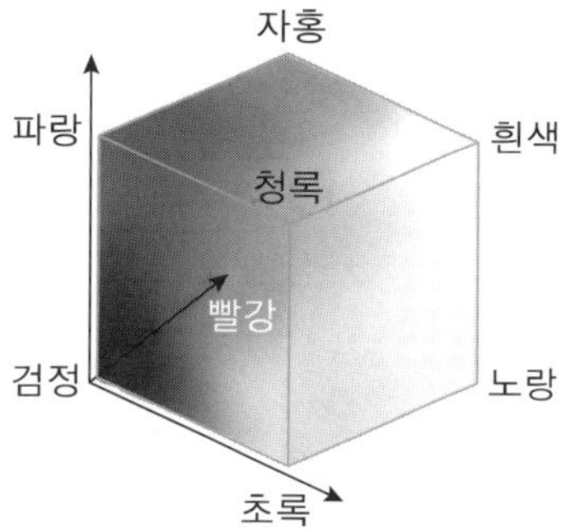

문제 21

> 수지 : 파란색이 섞인 값(B)이 0이래.
> 선우 : 빨간색이 섞인 값(R)이 255가 된대.
> 지혜 : 빨간색이 섞인 값(R)은 초록색이 섞인 값(G)의 2배에 1을 더한 값이래.

위 세 사람의 대화를 바탕으로 (R, G, B) 순서쌍을 구해보세요. (단, 채도나 명도는 무시한다.)

레온하르트 오일러(Leonhard Euler, 1707년~1783년)
스위스 수학자
가장 많은 논문을 씀
오일러 공식 발견

맹인 수학자
레온하르트 오일러

몸이 불편한 상태에서 공부에 매진한다는 것은 결코 쉬운 일이 아닐 것입니다. 옛날에 두 눈의 시력을 모두 잃고도 좌절하지 않고 죽는 순간까지 꾸준히 연구하여, 수학 역사상 가장 많은 논문을 쓴 이가 있었습니다. 그가 바로 레온하르트 오일러입니다.

쾨니히스베르크의 다리 문제

레온하르트 오일러는 주로 수학에 관한 논문을 많이 썼는데, 총, 소리, 항해, 복권, 천문학 등 실생활과 관련된 논문도 있었습니다. 그의 논문 중 하나는 당시 독일의 어떤 마을이 실제로 직면했던 문제를 해결한 것으로 지금까지도 아주 유명합니다. 그것이 바로 쾨니히스베르크의 다리 문제입니다.

쾨니히스베르크 마을 사람들은 전통적인 축제 행사 준비를 하고 있었습니다. 그들은 축제 행렬이 그 마을의 중요한 역사적 유적지를 한 번씩만 통과하여 되돌아오기를 원하였습니다. 그 마을은 프레겔 강의 중간 지점에 있는 섬이었으며, 그곳에는 7개의 다리가 주변 지역과 연결되어 있었습니다. 그런데 아무도 그 축제 행렬이 7개의 다리를 한

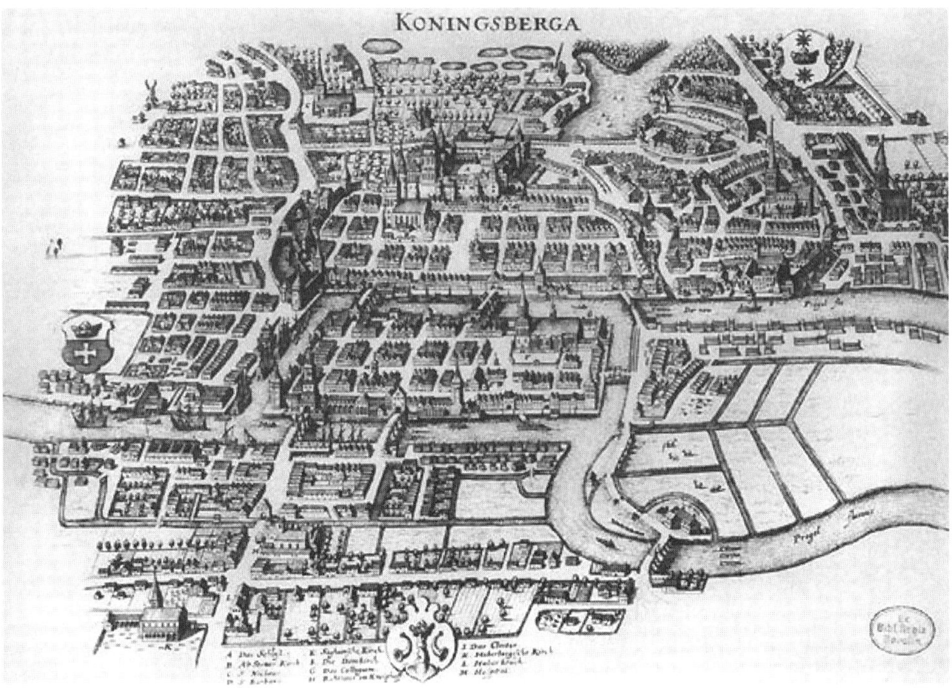

번씩만 통과할 수 있도록 계획을 짜지 못하자, 시장은 이 문제를 해결하는 사람은 자기 딸과 결혼을 시키겠노라 말하였습니다.

그런데도 문제는 해결되지 않았고, 마을 사람들은 때마침 그곳을 방문 중이던 오일러에게 도움을 청하였습니다. 오일러는 이 문제를 수학적으로 증명해 보였으며, 이 문제를 해결하면서 역사적으로 새로운 수학 분야의 장을 열게 되었습니다. 그것은 바로 오늘날 기하학에서 중요한 분야 중의 하나인 위상수학입니다. 위상수학의 가장 기초적인 예는 '한붓그리기'로, 이를 통하여 쉽게 이해할 수 있습니다.

그렇다면, 오일러는 쾨니히스베르크의 다리 문제를 어떻게 해결했을까요? 그 계획은 실현 가능했을까요? 오일러는 다음 그림과 같이 다리를 선으로, 땅은 꼭짓점으로 간단히 나타내었습니다.

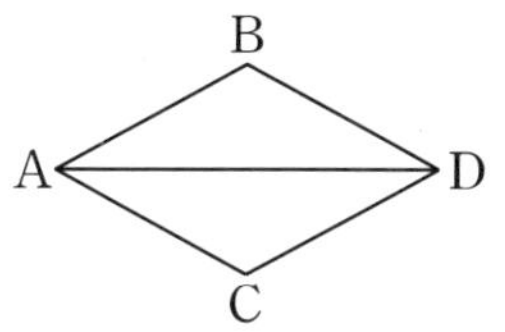

점 A를 출발하여 연필을 떼지 않고 모든 선을 한 번만 지나도록 그릴 수 있다면, 이 문제는 해결되는 셈입니다. 오일러는 이것이 불가능하다는 것을 밝힘으로써, 그 마을의 계획이 도저히 실현될 수 없다고 알리게 되었습니다. 이렇게 해서 유명해진 오일러는 러시아의 프리드리히 대왕의 부름으로 베를린 아카데미로 가게 되었고, 그곳에서도 열심히 연구에 몰두하였습니다.

오일러의 다면체 정리

오일러는 어렸을 때부터 쾌활하고 열성적인 학생이었습니다. 오일러의 아버지는 작은 마을 교회의 목사였습니다. 오일러는 아버지의 종교적 신념을 인정하고 존경하였지만, 그에게 가장 큰 관심과 열정을 불어넣은 것은 수학이었습니다. 그래서 오일러는 수학적 아이디어를 정리하고 경이로운 수의 세계에 빠져들어 뭔가를 고민하는 것을 즐기곤 하였습니다. 특히, 오일러의 수학적 재능 중 가장 놀라운 것은 빠른 계산과 암산이었습니다. 아무리 복잡한 계산도 단숨에 암산할 수 있었습니다.

아버지는 오일러가 비범한 수학적 재능을 가지고 있다는 것을 알아차리고 직접 수학과 신학을 가르치기도 하였습니다. 오일러는 대학에서 당시 유명했던 수학자 베르누이의 인정을 받아 러시아의 아카데미에 입학하게 되었고, 그곳에서 수학을 연구하여 많은 책을 출판하였습니다.

오일러가 28세 되던 1735년, 당시 유명한 수학자들이 행성의 궤도를 계산하는 방법을 알아내어 이를 계산하려고 하였지만, 몇 달째 이 문제는 풀리지 않고 오리무중이었습니다. 이때, 오일러가 이 문제에 관심을 갖고 해결하기 위하여 꼬박 사흘 동안 매달려서 고민하였습니다. 손목이 시큰거리고 두 눈도 아팠지만, 오일러는 펜을 놓지 않고 다양한 숫자와 부호를 사용하여 결국 문제를 해결해 내었습니다.

하지만 이러한 놀라운 연구 결과는 저절로 얻어진 것이 아닙니다. 오일러가 해답을 얻게 된 사흘 째 되던 날, 오일러는 너무나 연구에 몰두한 나머지 심한 고열에 시달리다 그 후유증으로 오른쪽 눈의 시력을 잃고 말았습니다. 오일러는 오른쪽 눈을 실명하기는 했지만 이것이 그의 연구에 장애가 되지는 못하였습니다. 그는 이를 감내하고 극복하여 더욱더 값지고 위대한 수학자로서의 인생을 사는 계기로 삼았습니다.

오일러가 30세 정도 되었을 때 그는 수학 분야에서 중요한 위치에 올랐으며, 결혼하여 무려 13명의 자녀를 두었습니다. 비록 5명의 자녀만 끝까지 성장할 수 있었지만, 그는 아이들을 무척 좋아하였으므로 아이들을 무릎에 앉혀 놓고 연구할 때도 있었습니다. 집안에서 아이들이 정신없이 떠들고 노는 데도 아랑곳하지 않고 연구에 몰두하기도 하였습니다.

특히, 오일러는 오늘날 수학에서 흔히 사용되고 있는 공식이나 기호를 많이 발명하였습니다. 대표적인 예로 정육면체, 직육면체, 정사면체와 같은 여러 다면체에서 꼭짓점의 개수를 V, 변의 개수를 E, 면의 개수를 F라 할 때,

$$\mathrm{F}+\mathrm{V}=\mathrm{E}+2$$

가 성립함을 증명했습니다. 이것이 바로 '오일러의 다면체의 정리'입니다.

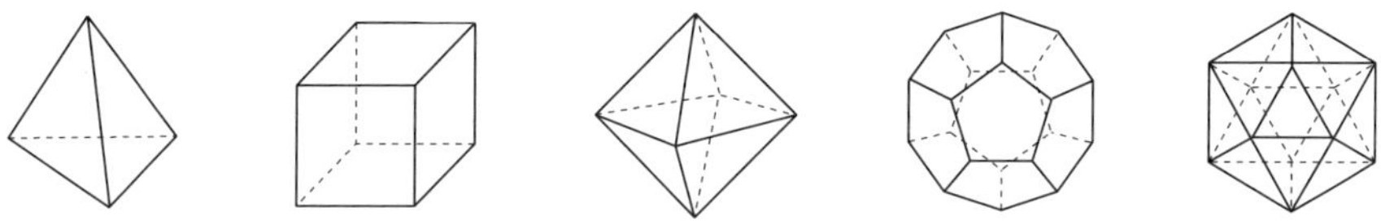

정사면체 정육면체 정팔면체 정십이면체 정이십면체

그 밖에도 오일러는 우리가 잘 알고 있는 수학 기호인 원주율을 기호 π(파이)로 나타내었습니다.

또, 다음 그림과 같이 삼각형의 세 각을 A, B, C로, 이 세 각에 대한 대변을 각각 a, b, c로 나타내기도 하였습니다.

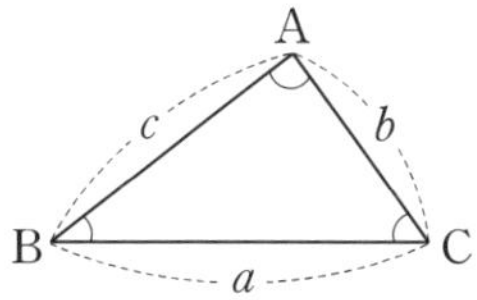

특히, 그는 수학 분야에서 가장 자주 사용하면서도 중요한 개념인 함수를 '$f(x)$'로 표기한 최초의 수학자이기도 합니다.

시력을 잃고도 연구에 최선을 다하다

1741년 오일러는 프로이센 국왕인 프리드리히 대왕의 초청으로 베를린으로 건너가 과학원의 수학 연구소 소장이 되었으며, 25년 동안 연구하면서 수론, 기하, 삼각함수, 대수, 미적분, 미분방정식 등의 많은 분야에서 업적을 남겼습니다. 그러나 프리드리히 대왕이 수학을 몹시 싫어하여 오일러와 사이가 그다지 좋지 않게 되었고, 결국 오일러는 러시아로 되돌아갔습니다.

그 후 얼마 안 되어 오일러가 59세 되던 해에 왼쪽 눈마저 백내장으로 시력이 약화되기 시작했습니다. 하지만 그는 결코 의기소침하지 않았을 뿐더러 자신의 신체에 대해 비관하지도 않았습니다. 오히려, 자신의 시력이 결코 회복될 수 없다는 것을 알았을 때, 친구에게 다음과 같이 말하였습니다.

"차라리 마음이 편한 것 같아. 이제, 나를 방해하는 것이 완전히 사라졌거든. 그래서 더욱 열심히 연구할 수 있을 것 같아."

오일러의 말이 옳았습니다. 오히려 시력을 완전히 잃고 난 후에 놀라운 속도로 수학과 과학에 관한 논문을 쓰기 시작하였습니다. 오일러는 양쪽 눈의 시력을 모두 잃기 전에 아들과 조교들에게 받아쓰기 훈련을 시켜 놓았습니다. 이것은 오일러가 완전히 시력을 잃었을 경우, 자신을 대신하여 필기하고 편집할 수 있도록 하기 위한 것이었습니다.

오일러가 결국 양쪽 시력을 모두 잃게 되었을 즈음에 그가 관심을 둔 분야는 달의 움직임에 관한 이론이었습니다. 이에 관한 이론이 복잡하고 계산 과정도 매우 길어서 조교들은 어느 때보다도 오일러의 생각을 노트에 정리하느라 진땀을 뺐습니다.

그런데 어느 날 오일러 집에 화재가 나고, 조교들은 오일러를 화염에 싸인 집에서 구해 내었지만, 지금까지 오일러가 연구한 달에 관한 논문을 모두 가지고 나오지는 못하였습니다. 그러나 오일러는 이에 대해 전혀 걱정하지 않고, 오히려 조교들을 위로하

였습니다.

"걱정 말게나, 내 머릿속에 모두 그대로 있으니까 다시 쓰기만 하면 돼."

오일러의 말대로, 정말 모든 연구 과정과 결과는 오일러의 머릿속에 그대로 남아 있었으며, 러시아의 왕비 캐서린은 이런 오일러의 뛰어난 역량을 인정하며 새로 집을 지어 주었다고 합니다.

오일러는 지금까지 가장 많은 논문을 쓴 수학자로 알려져 있습니다. 공책에 그의 논문 제목만 써도 50쪽이 넘는다고 합니다. 그래서 이 모든 논문을 책으로 출판하는 데 그가 죽은 후 무려 47년이나 걸렸다고 합니다.

17세기를 2000년 동안 갈망해 온 미적분학이 탄생한 천재의 세기라고 한다면, 18세기는 미적분학을 발전시킨 영웅의 세기라고 불릴 수 있으며, 이런 영웅의 세기에 존재했던 최고의 대가가 바로 오일러입니다.

비록 오일러 눈앞의 세계는 캄캄하여 아무것도 볼 수 없었지만, 그의 정신세계는 결코 어둡지 않았습니다. 그의 머릿속에는 수학 기호, 공식, 원리, 도형 등 광명의 세계가 자리 잡고 있었기 때문입니다. 오일러는 죽는 순간까지도 어떻게 하면 기구가 하늘에 뜰 수 있는지, 천왕성의 궤도는 어떠한지 등을 고민하였다고 합니다.

오일러는 양쪽 눈의 실명에도 불구하고 죽는 순간까지 학문을 게을리 하지 않았습니다. 이러한 불굴의 의지로 이룩한 연구 결과가 오늘날까지 현대 수학의 길잡이가 되고 있습니다.

오일러가 되어 문제를 해결해 봅시다!

오일러 지표란 무엇일까요?

꼭짓점, 모서리, 면으로 이루어진 입체 도형의 꼭짓점의 수를 v, 모서리의 수를 e, 면의 수를 f라 할 때, $v-e+f$의 값을 오일러 지표(Euler Characteristic)라고 합니다. 다면체의 경우, 모양에 관계없이 $v-e+f=2$가 성립합니다.

정다면체를 예로 들어 봅시다. 정다면체의 꼭짓점의 수(v), 모서리의 수(e), 면의 수(f)를 구하여 $v-e+f$의 값을 계산해 보면, 어떤 정다면체이건 상관없이 그 계산 결과가 2가 됨을 알 수 있습니다.

입체 도형의 그림	다면체	꼭짓점의 수 (v)	모서리의 수 (e)	면의 수 (f)	$v-e+f$
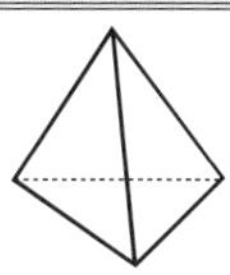	정사면체	4	6	4	$4-6+4=2$
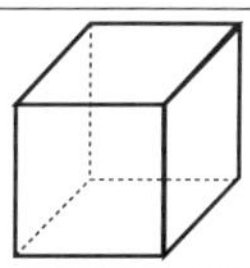	정육면체	8	12	6	$8-12+6=2$
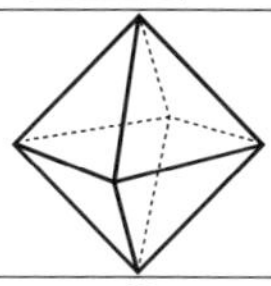	정팔면체	6	12	8	$6-12+8=2$
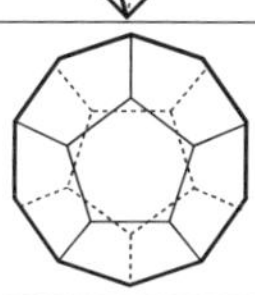	정십이면체	20	30	12	$20-30+12=2$
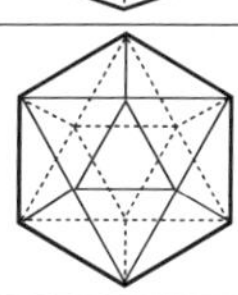	정이십면체	12	30	20	$12-30+20=2$

문제 22 다음 다면체들의 오일러 지표를 구해 보세요.

입체 도형의 그림	다면체 이름	꼭짓점의 수 (v)	모서리의 수 (e)	면 수 (f)	$v-e+f$
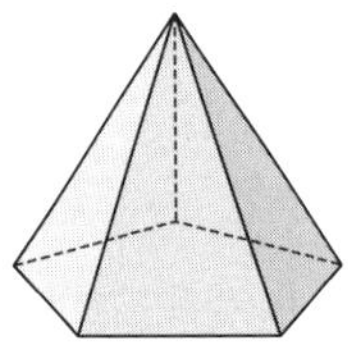					
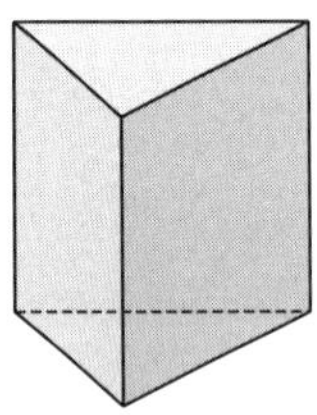					
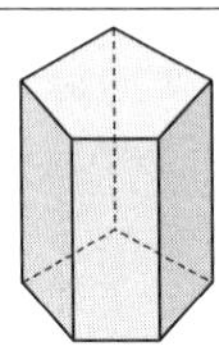					

문제 23 같은 길을 다시 지나지 않고 모든 길을 한 번씩만 지나도록 다음 그림 1, 2, 3을 그려 보세요. 다음 표의 빈칸을 채우고, 이러한 경로가 있기 위한 조건을 찾아보세요.

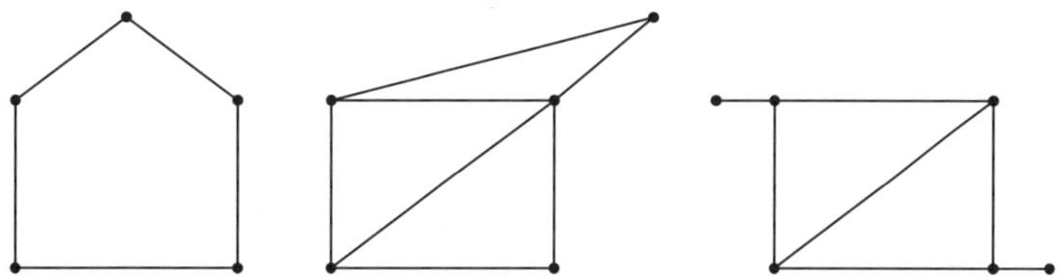

그림 1　　　　그림 2　　　　그림 3

	짝수 꼭짓점의 수	홀수 꼭짓점의 수	성공 여부
그림 1			
그림 2			
그림 3			

[참고]

- 짝수 꼭짓점 : 꼭짓점에 연결된 변의 개수가 짝수
- 홀수 꼭짓점 : 꼭짓점에 연결된 변의 개수가 홀수

마리아 아녜시(Maria Agnesi, 1718년~1799년)
이탈리아의 여성 수학자
《해석학의 기초》라는 책을 씀
다른 사람들에게 위안을 주는 천사로 불림

마녀이자 천사인
마리아 아녜시

여러분은 수학 공부를 하다가 잘 풀리지 않는 문제가 있으면 어떻게 하나요? 옛날에 문제가 풀릴 때까지 잠도 자지 않고, 어떤 때에는 잠결에 문제를 푼 여성 수학자가 있었습니다. 그녀가 바로 마리아 아녜시입니다.

마녀 아녜시?

마리아 아녜시는 30세가 되던 해에 그녀의 최대 업적으로 꼽히는 《해석학의 기초(*Foundations of Analysis*)》라는 책을 펴냈습니다. 이 일을 하는 데 꼬박 10년이 걸렸는데, 그녀의 타고난 수학적 재능이 여러 모로 이 책에 담겨 있습니다. 이 책은 뉴턴과 라이프니츠의 미분 방법을 포함하여 여러 수학자들의 업적을 두 권에 집대성한 것입니다. 그녀가 손으로 쓴 원고가 무려 1070쪽이나 됩니다.

그 당시 많은 수학자들은 이해하기 쉽고 체계적이며 명쾌하게 쓰인 이 책에 깊은 감동을 받고 찬사를 아끼지 않았다고 합니다. 이 책은 그 시대까지 여성이 만든 수학 출판물 중에서 중요한 것 중 하나이자, 몇 십 년 동안 수학 분야에서 가장 권위적인 책으로 여겨졌습니다. 특히, 미분적분학에 관한 완벽한 교과서로서 중요한 가치를 가지게 되었으며, 프랑스어와 영어로 번역되어 많은 지역에서 교과서로 사용되었습니다.

그런데 《해석학의 기초》라는 책 때문에 아녜시는 한때 '마녀 아녜시'로 불렸습니다. 이 책에 곡선에 관한 내용이 포함되어 있는데, 이탈리아어로 곡선(versiera)이라는 단어에는 마녀라는 뜻도 있습니다. 이 때문에, 영국의 한 학자가 '아녜시의 곡선'을 '마녀 아녜시(witch of Agnesi)'로 잘못 번역했던 것입니다.

그래서 당시 영국의 수학자들은 곡선에 대해 연구한 사람이 마녀라고 생각했다고 합니다. 번역가의 실수로, 수학자 아녜시가 마녀 아녜시가 되어 버린 셈입니다.

아녜시가 집필한 《해석학의 기초》 속표지

몽유병 환자로 불리다

최초의 여성 수학자인 히파티아가 죽은 이후 고대에서 중세로 넘어가는 오랜 기간 동안 수학의 발전은 거의 정지된 상태였습니다. 특히, 그녀의 끔찍한 죽음으로 인하여 중세가 될 때까지 여성 수학자는 탄생되지 않았습니다. 즉, 여성 혐오증의 거대한 물결은 고대를 지나 르네상스 시기가 될 때까지 지속되었습니다. 학문과 문명이 발달한 일부 지역에서조차 여자들을 위한 교육에 대해서는 반대가 심했습니다. 심지어 읽고 쓰는 것과 같은 기본적인 교육조차 쉽게 허용되지 않았습니다. 르네상스 이후에 들어서면서, 르네상스의 발생지인 이탈리아를 중심으로 여성의 지위는 아주 서서히 변하기 시작하였습니다.

마리아 아녜시는 1718년 이탈리아 밀라노에서 태어났고, 아버지는 수학자이면서 대학 교수였습니다. 아녜시가 태어났을 당시, 유럽에선 여성들에게는 고등 교육이나 전문 교육을 시킬 필요 없이 지금의 초등학교에서 배우는 정도만 가르치면 충분하다고 생각하였습니다.

하지만 아녜시의 아버지는 그녀가 어렸을 때부터 탁월한 재능이 있다는 것을 알았습니다. 그래서 아녜시는 아버지의 도움으로 5세에 프랑스어를 배웠고, 9세에 라틴어, 그리스어, 히브리어 등을 배울 수 있었습니다.

그때 당시 유럽에서는 라틴어가 학자들에게 가장 중요한 언어였습니다. 왜냐하면 대부분의 위대한 철학자들이 라틴어로 책을 썼기 때문입니다. 그런데 9세 때 아녜시가 여성을 위한 고등 교육의 필요성을 라틴어로 쓰고 강연을 하였다고 하니, 그녀가 라틴어에 얼마나 소질이 있는지를 잘 알 수 있습니다. 그녀는 성장하면서도 꾸준히 여성 고등 교육에 대해 관심을 가졌습니다.

아녜시의 부모는 아녜시의 수학과 철학에 관한 놀라운 재능을 발견하고 대견스레 여기며, 이탈리아 최고의 교사를 고용해서 아녜시를 가르치도록 하였습니다. 아녜시는 십대부터 시간이 있을 때마다 스스로 수학 공부에 몰두하였습니다.

어느 날, 아녜시는 풀릴 듯하면서도 좀처럼 풀리지 않는 미적분 문제를 저녁 시간부터 새벽 2시가 넘을 때까지 포기하지 않고 계속 풀다가 지쳐 잠이 들고 말았습니다.

다음 날 아침, 커튼 사이로 방 안을 환하게 비추는 햇빛의 온기를 느끼면서 아녜시는 기지개를 켜고 하품을 하면서 일어났습니다. 그런데 갑자기 어젯밤에 자신이 풀다 포기했던 문제가 생각이 나서 침대에서 일어나 그 문제를 마저 풀기 위해 책상으로 향했습니다. 그런데 책상 위의 공책을 보고 깜짝 놀랐습니다. 그토록 고민하면서 풀지 못하였던 문제가 아녜시 공책에 완벽히 풀어져 있는 것이었습니다. 그것은 분명 자신의 필체였습니다. 아녜시는 너무도 이상하여 동생 테레사를 깨워서 물어보았습니다.

"혹시 네가 밤 사이 이 문제를 풀었니?"

"무슨 말이야. 언니가 그렇게 늦게까지 불을 켜 놓고 문제를 푸는 바람에 나는 잠도 잘 못 잤어."

동생은 졸린 눈을 비비면서 다소 퉁명스럽게 말하였습니다.

아녜시는 다시 눈을 비비며 어젯밤 그 문제를 바라보았습니다. 자신의 글씨로 문제의 풀이가 적혀 있다니, 그녀는 마치 꿈을 꾸고 있는 것 같았습니다. 분명, 그녀는 자신이 그 문제를 해결하지 못한다는 실망감과 좌절감을 느꼈는데, 자신도 모르는 사이에 문제를 풀고 잠이 들었던 것이었습니다.

이렇게 아녜시는 잠을 자다 종종 벌떡 일어나 방과 마루를 오가면서 수학 문제를 생각하곤 하였습니다. 그래서 아녜시는 그녀의 가족들과 친구들로부터 몽유병 환자라는 말을 듣기 시작하였고, 그 사실은 많은 사람에게 알려지게 되었습니다.

B
D
C
A
=4

수학 연구에 몰두하다

아녜시의 집은 당대의 가장 뛰어나고 선택받은 지성인들의 모임 장소였습니다. 아버지는 매주 금요일마다 학식 있는 사람들을 초청하여 토론 형식의 세미나를 가졌습니다. 이때, 아녜시의 나이는 10세에 불과했는데, 아버지는 아녜시가 그 세미나에 참석하여 여러 학자들과 토론하도록 권하였습니다. 그 모임에서 아녜시는 많은 사람들에게 질문을 받고 자신이 알고 있는 것을 명확하게 답하곤 하였습니다.

그런데 차츰 시간이 지남에 따라 사람들은 아녜시가 모르는 뭔가를 여기저기에서 찾아내어 그녀를 당황하게 만들었습니다. 아녜시는 그 모임이 점점 부담스럽고 싫어지기 시작하였습니다. 사실 그녀 마음 한 구석에는 현실과 다른 인생을 꿈꾸고 있었습니다.

어느 날, 아녜시는 용기를 내어 아버지에게 말하였습니다.

"아버지, 전 아버지를 이 세상에서 가장 존경해요. 아버지 덕분에 5년 동안 토론 모임을 통해 정말 많은 것을 배웠어요."

"나도 너를 정말 자랑스럽게 생각한단다. 이탈리아에서뿐만 아니라 전 세계적으로 훌륭하신 분들과 네가 한 자리에 모여 그렇게 열띤 토론을 할 수 있다는 것이 정말 뿌듯하단다."

아버지는 아녜시의 머리를 쓰다듬으며 말씀하셨습니다.

"하지만 아버지, 전 이제 명예나 학식을 갖춘 사람들을 즐겁게 해 주는 일을 그만두고 싶어요. 전 저보다 가난하고 병든 사람들과 생활하면서 그들을 도우면서 살고 싶어요."

"아녜시, 갑자기 그게 무슨 말이냐. 너의 뛰어난 재능을 그렇게 썩힐 수는 없단다."

아버지는 너무나 갑작스런 아녜시의 제안에 충격을 받았습니다. 잠시 후, 아버지는 마음을 차분히 가라앉히고 아녜시에게 간곡히 부탁하였습니다.

"금요일 밤 토론회가 그렇게 부담스러우면 그만두렴. 집에서 네가 하고 싶은 대로 하려무나."

결국 아녜시는 아버지의 말씀에 따르기로 하고, 집에 머무르면서 남동생들에게 수학을 가르쳐 주기 시작하였습니다. 사실, 좀 놀라운 일이지만 아녜시는 무려 21명의 형제 중 가장 맏이였다고 합니다. 아녜시는 남동생들을 가르치면서 수학 연구를 하며 시간을 보낼 수 있었습니다. 즉, 수학을 잘 가르치기 위해서는 보다 쉬운 방법으로 설명을 하는 것이 중요하다고 생각했으므로 자신이 직접 수학 문제를 만들어 이해하기 쉽게 가르쳤습니다. 그러면서 차츰 다른 학생들에게도 수학을 보다 쉽게 이해할 수 있는 교재가 필요하다는 것을 인식하게 되었고, 그녀는 자신이 연구한 내용을 책으로 만들기로 결심하였습니다.

그 후로 아녜시는 결혼도 하지 않고 대부분의 시간을 수학 연구를 하는 데 몰두하였으며, 어머니가 돌아가신 이후에는 집안일도 도맡아 하였습니다. 10년 이상의 기간 동안, 아녜시는 대수학, 해석기하학, 미적분학, 미분방정식의 체계적인 내용을 책으로 썼습니다. 그녀는 많은 예와 예제를 교재에 넣어 독자들이 수학 개념을 보다 잘 이해할 수 있도록 하였습니다.

하지만 그녀의 업적에 대한 수많은 찬사에도 불구하고, 프랑스 과학원은 아녜시가 여자라는 이유로 그녀를 인정하지 않고 과학원의 회원으로도 받아들이지 않았습니다. 다행히 이탈리아 학술원은 여자에 대해 비교적 관대한 편이었으므로 아녜시는 볼로냐 과학기술원의 회원이 되었으며, 그곳에서 많은 명예도 얻었습니다. 결국, 그녀의 책은 오스트리아 아녜시 테레사 여황제에게 기증되었으며, 여황제는 아녜시에게 아름다운 다이아몬드 반지와 보석이 새겨진 작은 크리스털 상자를 선물로 보내기도 하였습니다.

불쌍한 사람들을 도운 천사

아네시는 20년 동안 수학에 놀라운 공헌을 하였습니다. 하지만 그녀는 결국 학자의 길을 마치고, 남은 삶을 가난하고 병든 사람들과 함께 하였습니다. 그녀는 예전에 선물로 받은 값진 물건들을 팔아 그들을 도왔습니다.

아네시는 81세의 나이로 생을 마쳤고, 사람들 가슴 속에 '다른 사람에게 위안을 주는 천사'로 남게 되었습니다. 그녀의 유언에 따라 아네시는 자신이 돌보았던 15명의 노인들과 함께 비석도 없이 한 공동묘지에 조용히 묻혔습니다.

그러나 아네시가 죽은 지 100년이 되던 해에, 그녀의 일생이 기록되었고 그녀가 태어난 밀라노의 몇몇 도로에 그녀의 이름이 붙여졌습니다. 또, 밀라노의 한 정규학교에도 그녀의 이름이 붙여졌고, 가난한 소녀를 위한 장학금이 그녀의 이름으로 수여되기도 했습니다. 아마도 사람들은 아네시가 생을 마감한 지 100년이 지나도록 그녀를 결코 잊지 못하였으며, 더 오랫동안 기억하고 싶었던 것 같습니다.

아네시가 가장 중요하게 생각한 인생의 목표는 수학이라는 학문에 정진하는 것이 아니라 다른 사람을 돕는 일에 최선을 다하는 것이었습니다. 어쩌면 아네시는 "수학을 열심히 연구해서 많은 사람들의 삶에 큰 영향을 미치는 것이 나보다 더 가난하고 병든 사람들을 실제로 돕는 것과 같다."라는 중요한 사실을 몰랐던 것 같습니다.

아녜시가 되어 문제를 해결해 봅시다!

천칭을 이용한 진법 활용 문제

천칭

1000g 미만인 물건의 무게를 측정하기 위하여 1g, 1g, 2g, 5g, 10g, 10g, 20g, 50g, 100g, 100g, 200g, 500g짜리 분동과 천칭이 있습니다. 이 12개의 분동 가운데 무게가 같은 것은 100g, 10g, 1g짜리 분동입니다.

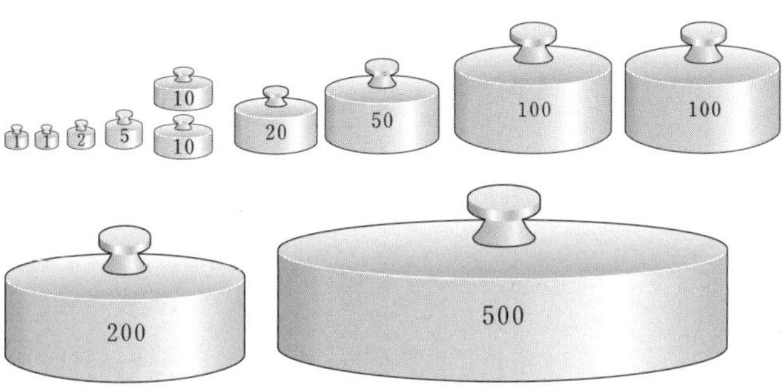

문제 24 위의 분동에 대하여 다음 문제를 생각해 보세요.

(1) 1g, 1g, 2g, 5g, 10g, 10g, 20g, 50g, 100g, 100g, 200g, 500g짜리 분동을 가지고 947g인 물건을 측정하려면 몇 개의 분동이 필요할까요?

그 중 중복하여 사용하는 분동이 있을까요?

(2) 백금 1kg을 최소한의 개수로 쪼개어 분동을 만들되 중복되는 분동이 없도록 하고 1g에서 1000g까지의 모든 물건을 달 수 있도록 하려고 합니다. 분동을 어떻게 만들어야 할까요? 이 분동으로 모든 무게를 달 수 있는 이유를 설명해 보세요.

피에르 시몽 라플라스(Pierre-Simon Laplace,
1749년~1827년)
프랑스의 수학자 · 천문학자 · 물리학자
라플라스 변환론, 라플라스 방정식
태양계의 안정성 연구

프랑스의 뉴턴
피에르 시몽 라플라스

역사적으로 보면 유명한 수학자들은 천문학이나 물리학과 같은 학문에도 타의 추종을 불허할 정도로 뛰어난 능력을 보였습니다. 수학적 접근이 별들의 움직임이나 다양한 자연 현상을 연구하는 데 유용하기 때문일 터인데, 여기 프랑스의 뉴턴이라고 불릴 정도로 천문학과 물리학에서 이름을 널리 떨친 수학자가 있습니다. 그가 바로 시몽 라플라스입니다.

수학 신동

라플라스는 프랑스 노르망디의 칸이라는 작은 마을에서 가난한 소작농의 아들로 태어났습니다. 칸은 작은 시골 마을이었지만 노르망디에서 교육적으로 제일 활발한 도시였습니다. 일찍이 라플라스의 수학적 능력과 열정에 감복한 부유한 이웃이 그가 교육을 받도록 도와줘서, 라플라스는 오를레앙 공작 학교를 졸업할 수 있었습니다. 라플라스가 학생이었을 당시, 그의 수학적 열정을 지켜본 한 지인이 라플라스에게 달랑베르를 소개해 주었습니다.

달랑베르는 해석역학의 기초를 구축하고 '달랑베르의 원리'를 세우기도 한 프랑스의 저명한 수학자입니다.

처음에 달랑베르는 자꾸 자신을 찾아오는 라플라스를 꽤나 귀찮아했습니다.

그래서 자기를 찾아오는 것을 막기 위해 두꺼운 수학책을 던져 주며 말하였습니다.

"어이, 꼬맹이! 이 책을 다 읽고 오너라. 그러면 내가 너를 한 번 만나 주마."

라플라스는 며칠 후에 달랑베르를 찾아갔습니다.

"책을 준 지 얼마나 되었다고 다시 왔느냐! 완전히 책을 다 읽으면 오너라!"

달랑베르는 라플라스에게 책을 준 지 얼마 되지 않아서 그가 다 읽지 못했을 것이라고 생각하여 라플라스를 꾸짖었습니다.

하지만 라플라스는 책 내용에 대한 질문에 명쾌하게 답하였고 그것을 본 달랑베르는 그가 책을 다 읽었다는 사실에 감탄하였습니다. 그 후 라플라스는 달랑베르의 인정을 받았다고 합니다.

신념 강한 과학자

라플라스는 쿠데타가 일어나기 전 본인의 저서인 《천체역학》 다섯 권을 그의 제자인 나폴레옹에게 선물하였습니다. 나폴레옹은 자유를 얻게 되면 6개월 안에 다 읽겠다고 약속했습니다. 후에 책을 읽은 나폴레옹은 라플라스에게 질문했습니다.

"라플라스, 우주에 대해 이렇게 방대한 책을 썼으면서, 왜 창조주에 대한 이야기는 어디에도 보이지 않는 겁니까?"

왜냐하면 라플라스 이전까지만 해도 신의 천사가 신의 명령을 받고 행성들을 밀어서 움직이게 한다는 이론이 널리 퍼져 있었는데, 라플라스는 책에서 신에 관해 어떤 이야기도 하지 않았기 때문입니다. 정치에 관심이 많고, 권력을 얻고자 하는 욕망이 강했던 라플라스이지만 자신의 철학을 굽히지 않고 말했습니다.

"저는 그 가설에 대한 아무런 필요성도 느낄 수 없습니다."

태양계의 안정성은 뉴턴역학에 의해 충분히 증명될 수 있기 때문에, 초자연적 힘을 가지고 있다고 알려진 '신'이란 라플라스에게는 필요가 없었던 것입니다.

이것은 현대 사람들의 생각과 같습니다. 라플라스는 이처럼 천체학에 많은 관심과 풍부한 지식을 가지고 있었고, 자신이 옳다고 판단한 것에 확신을 갖는 학자였습니다.

라플라스는 천체에 대해서도 관심이 많고 '천체역학'이라는 용어를 처음 사용하기도 하였습니다. 또한 '프랑스의 뉴턴'으로 불릴 만큼 역사를 통틀어 가장 위대한 과학자 중 한 사람으로 평가받고 있습니다.

라플라스는 빛조차 흡수하는 천체, 즉 블랙홀을 상상한 최초의 과학자이기도 합니다.

그는 뉴턴의 중력 이론을 전 태양계에 적용하여 "왜 목성의 궤도는 계속 줄어드는 것으로 보이고 토성의 궤도는 자꾸만 늘어나는 것처럼 보이는가?"라는 어려운 문제를 연구했습니다. 그때까지만 해도 태양계 안에서의 상호 중력 작용은 너무 복잡해서 수학적으로 풀 수 없다고 여겼습니다. 사실 뉴턴조차도 태양계의 평형을 유지하기 위해서는 신이 주기적으로 개입해서 조정해야 한다고 결론지을 정도였습니다.

하지만 라플라스는 행성의 평균운동의 불변성을 발표했고, 이심률과 궤도경사각의 세제곱까지 증명하였습니다. 이것은 태양계의 안정성을 최초로 증명한 가장 중대한 업적이며, 천체역학에 있어서 뉴턴 이후의 가장 중요한 발견이었습니다.

라플라스가 젊은 나이에 수학 교수가 되기 위해 파리에 갔을 때 일입니다. 그는 다른 사람이 써 준 추천서를 달랑베르에게 제출했는데 달랑베르는 이를 받아주지 않았습니다.

집으로 돌아온 라플라스는 실망하지 않고 역학의 일반 원리에 관한 재치 넘치고 기발한 내용의 편지를 직접 써서 달랑베르에게 전달하였습니다. 그리고 이 편지 덕에 라플라스는 교수가 되는 기회를 얻었습니다.

당시 달랑베르는 라플라스에게 다음과 같이 답장을 보냈습니다.

"자네는 내가 다른 사람이 쓴 추천서를 거들떠보지도 않을 것을 알았군. 자네는 자신에 대해 스스로 더 잘 소개했기 때문에 다른 것은 필요하지 않다네."

곧이어 라플라스는 파리 육군사관학교의 수학 교수로 임명되었습니다. 이와 같은 라플라스의 이야기 자체도 흥미롭지만 한편으로는 목표를 이루기 위해 노력하는 사람에게 귀중한 충고가 되리라 생각합니다.

라플라스의 도깨비

"현재의 모든 것을 알 수 있다면 뉴턴 역학을 이용하여 미래를 계산할 수 있다."

라플라스는 현재의 모든 것을 알면 미래를 예측할 수 있다고 주장했습니다. 하지만 사람들은 미래를 계산한다는 것은 신의 영역을 침범하는 것이라고 생각하여, 이런 주장을 '라플라스의 악마' 혹은 '라플라스의 도깨비'라고 불렀습니다.

라플라스는 우주에 있는 모든 분자들에 대하여 위치나 속도 혹은 힘을 알 수 있는 초지식이라는 것이 존재한다면 그것을 바탕으로 모든 시대의 우주를 알 수 있다고 했습니다. 이 개념이 실현되기 위해서는 수집이 불가능할 정도로 많은 정보가 필요하지만 그렇게 수많은 정보를 보관할 만한 곳이 없다는 이유로 비판을 한 사람들도 있습니다.

그러나 라플라스의 이론대로 현재를 통해 미래를 예측할 수 있다면 얼마나 흥미로울까요?

여러분은 라플라스의 도깨비에 대해서 어떻게 생각하나요?

라플라스가 되어 문제를 해결해 봅시다!

나폴레옹 삼각형

프랑스의 황제 나폴레옹 보나파르트(Napoleon Bonaparte, 1769～1821)는 수학에 관심이 많았으며 특히 기하학에 흥미가 있었다고 알려져 있습니다. 그는 수학자인 라그랑주(Joseph Louis Lagrange, 1736～1813), 라플라스와 함께 기하학에 대해서 많은 토론을 나누었으며 특히 라플라스를 프랑스 군대의 고문으로 초빙하기도 하였습니다.

나폴레옹이 발견한 이론을 '나폴레옹의 정리'라고 하며, 그 내용은 다음과 같습니다.

> 임의의 삼각형의 각 변에 그 길이를 한 변의 길이로 하는 정삼각형 3개를 바깥쪽으로 (혹은 안쪽으로) 그리면, 각 정삼각형의 무게중심을 이은 삼각형은 정삼각형이다.

다음 그림 (1), (2)와 같이 그려진 삼각형 GHI와 G′H′I′를 '나폴레옹 삼각형'이라고 부릅니다.

(1)

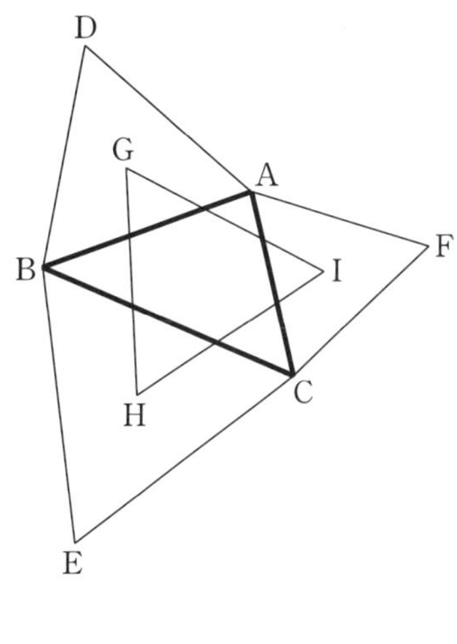

(2)

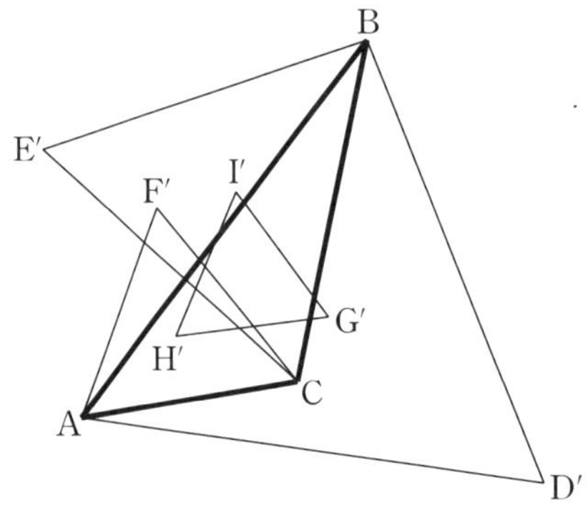

위의 두 그림 중 (1)과 같이 삼각형 바깥쪽에 정삼각형을 그려 얻은 삼각형 GHI는 '바깥쪽 나폴레옹 삼각형', (2)와 같이 삼각형 안쪽에 정삼각형을 그려 얻은 삼각형 G′H′I′는 '안쪽 나폴레옹 삼각형'이라 부릅니다.

재미있게도 바깥쪽과 안쪽 나폴레옹 삼각형 넓이의 차는 원래 삼각형의 넓이와 같습니다. 또한 두 나폴레옹 삼각형과 원래의 삼각형의 무게 중심은 모두 같은 위치에 있습니다.

문제 25 다음 삼각형 ABC의 바깥쪽 나폴레옹 삼각형과 안쪽 나폴레옹 삼각형을 작도해 보세요.

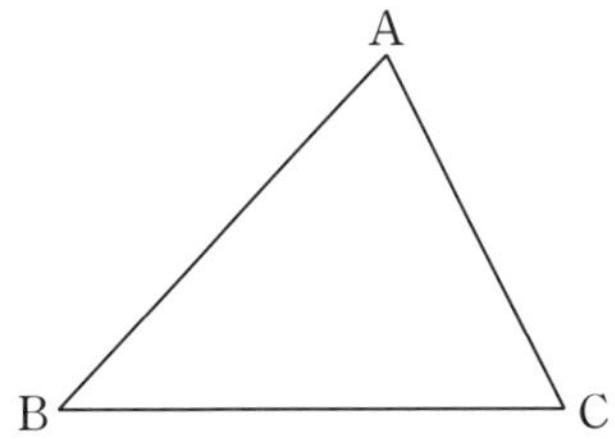

소피 제르맹(Sophie Germain, 1776년~1831년)
프랑스 수학자
정수론, 해석학 연구
탄성체 표면이 어떻게 진동하는지에 관한 연구로 상을 받음

한밤중의 꼬마 수학자
소피 제르맹

유명한 수학자들 중 여성 수학자는 몇 명이나 될까요?
여자가 공부하는 것을 탐탁지 않게 여기던 시대가 있었습니다.
바로 그러한 시대에 수학에 큰 업적을 남긴 여자 수학자가 있었습니다.
그녀가 바로 소피 제르맹입니다.

밤마다 수학 공부에 열중한 소피 제르맹

"엄마, 아빠! 안녕히 주무세요!"

"그래, 우리 소피도 잘 자렴."

부모님이 소피 방의 불을 끄고 나갔습니다. 소피는 부모님이 주무실 때까지 침대에 꼼짝 않고 누워 있었습니다. 한 시간쯤 지나서 소피는 살그머니 침대에서 일어나 책상 위에 작은 촛불을 켰습니다. 소피가 왜 일어났을까요? 바로 수학 공부를 하기 위해서입니다.

소피는 부모님을 속여 가며 공부를 하는 것이 죄송스러웠지만, 수학 문제의 답이 너무나 궁금하여 아침까지 도저히 기다릴 수가 없었습니다. 이때 소피의 나이가 13세였습니다.

소피는 수학이 너무 재미있어 매일 가족들이 잠든 한밤중에 일어나 공부를 하였습니다. 소피 부모님은 소피가 공부하는 것을 필사적으로 막으려고 하였습니다. 밤에는 소피 방에 불도 때지 않고 전등도 빼앗고 심지어는 소피가 입던 옷까지 숨겼습니다. 왜 그렇게 부모님은 소피가 공부하는 것을 반대하였을까요? 잘 이해할 수 없겠지만, 그 당시에는 대부분의 사람들이 여자가 공부하는 것을 안 좋게 보기도 하고, 또 여성의 정신 건강에 좋지 않다고 믿었습니다.

그런데도 소피는 추워서 덜덜 떨리는 몸을 담요로 감은 채 입김으로 손을 녹여 가며 수학 공부에 열중하였습니다. 수학 공부에 대한 소피의 열정이 정말 대단했습니다. 그러던 어느 날, 소피가 책상에 엎드려 깜빡 잠이 들고 말았습니다.

꼬끼오~

소피가 잠든 사이에 날이 밝았습니다.

"똑똑!"

누가 소피의 방문을 두드렸습니다. 바로 아버지였습니다.

"소피, 일어나렴. 왜 이렇게 아버지를 걱정시키는 거냐?"

아버지는 화를 내었습니다.

"아버지, 죄송해요. 하지만 도저히 멈출 수가 없어요. 저는 수학 문제를 풀 때 제 자신이 살아 있다는 것을 느껴요. 만약 아프거나 힘들어지면 그때 가서 정말 그만둘게요. 그런데 오히려 지금은 공부를 그만두면 병이 생길 것 같아요."

이 말을 듣고 소피 아버지는 포기하였습니다.

"도저히 네 열정을 막을 수가 없구나. 좋다! 계속 공부를 하려무나. 하지만 제발 밤은 새우지 말아라."

드디어 마음껏 공부를 할 수 있게 된 소피는 너무나 기뻤습니다. 그 후로 소피는 본격적으로 수학에 관심을 가지고 공부를 하기 시작하였습니다.

여자라서 대학에 갈 수 없다니……

소피가 수학을 좋아하게 된 것은 아르키메데스의 죽음 때문입니다. 소피가 어렸을 때 아버지의 서재에서 수학의 역사에 관한 책을 읽던 중 아르키메데스의 죽음에 관한 이야기를 알게 되었습니다.

적군 병사가 쫓아와 그를 체포하려는 순간에도 아르키메데스는 모래 바닥 위에 엎드려 기하학 문제를 푸는 데 몰두해 있었습니다. 아르키메데스는 그 병사를 쳐다보지도 않고, "햇빛 가리지 말게. 내가 문제 풀고 있는 것 안 보이나?"라고 말하였답니다.

소피는 수학 문제를 푸는 데 몰두한 나머지, 죽음도 두려워하지 않았던 아르키메데스의 모습에 매우 깊은 감동을 받았습니다.

1794년, 소피가 18세 되던 해에 프랑스 파리에 대학이 하나 설립되었습니다. 프랑스 전역에 걸쳐 많은 학생들이 그 대학에 입학하기를 원했습니다. 소피도 그 대학에서 좀 더 깊이 있는 공부를 하고 싶었습니다. 하지만 소피는 이미 알고 있었습니다. 그 대학에서는 여학생을 받지 않는다는 사실을!

어느 날, 피에르라는 친구가 소피에게 헐레벌떡 달려왔습니다.

"소피, 그동안 잘 지냈니? 우리 이번에 대학에 들어가서 함께 열심히 공부해 보지 않을래? 수학은 그 유명하신 라그랑주 교수님이 가르치실 거래. 상상만 해도 너무 멋지지 않니?"

소피는 힘없이 말하였습니다.

"피에르, 넌 좋겠다. 그런데 너는 내가 여자라는 사실을 잊었구나."

소피는 결국 대학 진학을 포기할 수밖에 없었습니다. 그러나 소피는 실망하지 않고 자신이 계속 공부할 수 있는 방법을 생각해 보았습니다. 그리고 여러 궁리 끝에 좋은 방법을 찾았습니다.

소피는 그 대학에서 가르치는 수학 내용을 배우기 위하여 피에르에게 수업 시간에 적은 노트를 빌려 달라고 하였습니다. 소피는 노트를 빌려 그 노트에 적힌 내용을 집에서 혼자 차근차근 공부하기 시작하였습니다. 그러다 잘 이해가 되지 않는 부분이나 혼자 풀어 본 문제의 답을 쪽지에 적어 라그랑주 교수에게 보내곤 하였습니다. 물론, 이때 소피는 본인이 여자임을 숨기기 위하여 '르 블랑'이라는 남자 이름을 사용하였습니다.

라그랑주 교수는 르 블랑이라는 학생이 보낸 노트를 보고 수학적 재능이 뛰어나다고 칭찬을 아끼지 않았습니다. 그러다 르 블랑이라는 학생이 남자가 아니라 여자임을 알았을 때 처음에는 매우 놀랐지만 그런 것에 개의치 않고 오히려 소피의 집을 찾아가 소피를 크게 격려해 주었습니다. 그때가 소피에게는 일생 동안 가장 소중한 순간이었습니다.

이렇게 소피는 라그랑주 교수의 도움으로 더욱더 깊이 있는 수학을 공부할 수 있게 되었습니다.

가우스와 편지를 주고받으며 수학 공부

1801년, 소피가 25세가 되던 해, 독일의 유명한 수학자인 가우스가 정수론에 관한 연구 결과를 발표하였습니다. 그런데 놀랍게도 그때 당시에는 그 내용을 이해하는 사람이 거의 없었습니다.

소피는 평소에 정수론에 대하여 관심이 많았기 때문에 가우스의 연구에 상당한 호기심과 흥미를 가지게 되었습니다. 소피는 가우스가 발표한 내용을 꼼꼼히 검토하여 그가 미처 생각하지 못하였던 몇 가지 문제점을 적어 보냈습니다. 물론, 이때도 자신이 여자임을 눈치채지 못하게 르 블랑이라는 이름을 사용하였습니다.

가우스는 이름이 낯선 수학자로부터 편지를 받고 무척 놀랐습니다. 그 편지에 적힌 내용을 보고 소피의 수학 실력에 감탄하였던 것입니다.

가우스와 소피는 그렇게 3년 동안이나 편지를 주고받으며 수학적 아이디어를 교환하였습니다. 물론, 가우스는 그때까지도 소피의 정체를 전혀 눈치채지 못하였습니다. 가우스와 편지를 주고받으며, 소피가 이룩한 가장 큰 업적은 그 유명한 페르마의 마지막 정리를 증명한 것입니다. 페르마의 마지막 정리는 여러분이 나중에 수학에 깊은 관심을 가지게 되면 알게 될 것입니다.

가우스가 소피의 존재를 알게 된 후에도, 가우스는 라그랑주 교수만큼이나 여자에 대한 편견을 가지고 대하지 않았습니다. 오히려 가우스는 그녀의 열정과 의지를 높이 평가하였습니다. 가우스는 소피를 실력 있는 동료 수학자로 존경하며, 다른 친구들에게 소피의 뛰어난 재능을 알렸습니다. 가우스는 소피를 친구들에게 다음과 같이 소개하였습니다.

"우리나라에서는 여자가 공부하는 것에 대하여 좋게 생각하지 않지. 그래서 여자는 남자보다 공부하기가 훨씬 더 어려울 것이라 생각하네. 그런데도 소피라는 친구는 힘든 상황을 잘 극복하고 수학에 있어 가장 어려운 부분을 해내고 있어. 그것은 틀림없이 그녀가 참된 용기를 가지고 있고, 뛰어난 수학적 재능과 천재성을 가지고 있기 때문일 걸세."

소피는 수학뿐만 아니라 과학에도 관심이 많았습니다. 그래서 탄성체가 어떻게 진동하는지를 연구하여 그 결과를 인정받아 1816년에 프랑스 학회에서 최우수상을 받았습니다. 이 연구 결과는 이후 에펠탑을 건설하는 데에도 큰 영향을 미쳤습니다. 그리고 소피가 만든 수학 공식은 과학자들이 소리와 건축 등에 관한 실생활 문제를 해결하는 데 상당한 도움을 주었습니다.

또한, 그녀는 세상을 떠난 후에도 능력을 인정받아 괴팅겐 대학으로부터 명예 박사 학위를 받았습니다.

소피 제르맹이 되어 문제를 해결해 봅시다!

수의 분할

수를 분할하는 방법은 수를 배열하는 조건에 따라 다양하게 구할 수 있습니다. 실생활에서도 비슷한 조건을 만족하는 사물을 몇 개의 묶음으로 나누어야 하는 경우가 있는데, 정수를 나누는 문제로 바꾸어 보면 쉽게 해결되기도 합니다.

수의 분할 : 자연수 n을 다음과 같이 나타내는 것 $n = n_1 + n_2 + \cdots + n_k \; (0 < n_1 \leqq n_2 \leqq \cdots \leqq n_k,\ n_i$ 는 자연수$)$

문제 26 7개의 빵을 서로 다른 상자에 넣어 포장하려고 한다.

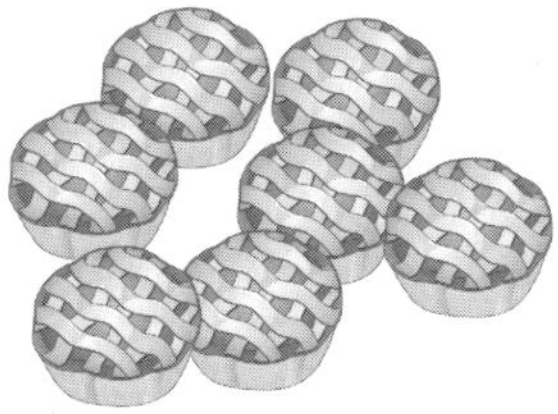

(1) 빵을 나누는 방법은 모두 몇 가지일까요?

(2) 빵을 3개 이하의 상자에 넣는 방법은 모두 몇 가지일까요?

(3) 빈 상자가 없도록 3개의 상자에 넣는 방법은 몇 가지일까요?

카를 프리드리히 가우스(Carl Friedrich Gauss, 1777년~1855년)

독일의 수학자

정수론, 미분기하 발달에 공헌함

물리학과 천문학도 연구함

수학의 황제
카를 프리드리히 가우스

옛날에 한 꼬마는 얼마나 숫자와 친했는지 말도 배우기 전에
이미 숫자를 셀 수 있었다고 합니다.
그 꼬마는 커서 수학의 황제로 불리게 됩니다.
그가 바로 카를 프리드리히 가우스입니다.

가우스의 인생을 바꾼 문제

가우스가 10세 되던 해, 뷔트너 선생님은 수학 시간에 학생들에게 어려운 문제를 하나 내었습니다. 학생들은 끙끙대며 문제를 풀기 시작하였습니다. 어려운 문제란 무엇일까요? 바로 다음과 같습니다.

1부터 100까지의 수의 합을 구하여라.

여러분도 이 문제를 풀어 본 적이 있나요?

1부터 100까지의 수를 하나씩 일일이 더하려면 시간이 많이 걸릴 것입니다. 또, 중간에 한 번이라도 실수하면 답이 틀리게 됩니다.

뷔트너 선생님의 예상과는 달리, 문제를 풀라고 한 지 몇 초밖에 지나지 않아서 한 꼬마가 앞으로 나와 책상 위에 답이 적힌 종이를 올려 놓았습니다.

그 꼬마가 바로 가우스였습니다.

다른 학생들은 땀을 뻘뻘 흘리며 계산하고 있는 동안, 가우스는 뷔트너 선생님의 미심쩍은 눈초리에 아랑곳하지 않고 차분히 자리에 앉아 있었습니다. 선생님은 가우스가 답을 바르게 구했으리라고는 전혀 상상도 하지 못하였습니다.

잠시 후, 선생님은 모든 학생들의 답안지를 확인하면서 답이 틀렸다고 호통을 쳤습니다. 드디어 가장 먼저 답을 내었던 가우스의 답안지만이 책상 위에 남아 있었습니다. 뷔트너 선생님은 눈이 휘둥그레지면서 매우 놀랐습니다.

가우스의 답안지에는 이리저리 계산한 흔적도 없이 5050이라는 수만 적혀 있었습니다. 어떻게 이런 수가 나왔을까요?

1 + 2 + 3 + … + 100 = ?

$$1 + 100 = 101, \quad 2 + 99 = 101, \quad \cdots, \quad 50 + 51 = 101$$

로, 이것은 합이 101인 수가 50개 있으므로 구하는 합은

$$50 \times 101 = 5050$$

이 됩니다. 이러한 계산 방법을 등차수열이라고 합니다.

결국, 이 사건은 가우스의 일생에 커다란 전환점이 되었습니다.

운과 재능이 모두 따르다

뷔트너 선생님은 가우스의 재능을 인정하고 당시 최고로 손꼽히는 산수 교과서를 선물해 주었습니다. 또, 가우스는 삼촌으로부터 많은 도움을 받았습니다. 삼촌은 직물 가게를 운영하였지만, 삶에서 가장 중요한 것은 배움이라고 생각하며 이를 매우 중요시하였습니다. 삼촌은 가우스에게 많은 책을 사 주기도 하고, 많은 이야기를 들려주기도 하였습니다. 이러한 삼촌의 교육으로 가우스의 지식과 마음의 양식이 점점 풍요로워져 갔습니다.

이런 삼촌과는 달리, 가우스의 아버지는 다방면에서 존경받고 호의적인 분이었지만 가정에서는 무척 엄하고 난폭한 편이었습니다. 그런 아버지로부터 가우스를 보호해 주고 용기를 북돋아 준 분이 바로 어머니였습니다. 어머니는 아들에게 어떤 위대한 능력이 잠재되어 있다는 희망과 기대를 가지고 있었습니다.

그런데 가우스의 가정 형편이 워낙 어려워 밤에 불도 마음대로 켤 수 없었습니다. 그래서 가우스는 무에 구멍을 파 기름을 붓고 심지를 넣어 등을 만들어, 날이 어두워지

면 자신이 만든 등불 아래에서 책을 읽곤 하였습니다.

가우스가 이렇게 배움을 좋아한다는 사실이 그 지역의 공작인 카를 빌헬름 페르디난드의 귀에까지 들어가게 되었습니다. 공작은 가우스에게 배움의 길을 열어 주기 위하여 카롤링 학교에 들어갈 수 있도록 도와주었습니다. 가우스가 14세 되던 해였습니다. 그 후에도 공작은 가우스의 재능에 깊은 감명을 받고 카롤링 학교의 학비를 모두 지원해 주기로 하였습니다.

가우스는 대학에서 여러 과목을 공부하였습니다. 문학도 좋아했고 몇 개의 외국어도 배웠습니다. 하지만 그 어느 것도 수학에 대한 사랑을 넘지는 못하였습니다. 이후 가우스는 괴팅겐 대학으로 옮겨 공부를 계속하였습니다. 틈틈이 뉴턴, 오일러 등과 같은 훌륭한 학자들의 저서를 읽기도 하였습니다. 물론, 이때에도 페르디난드 공작의 도움으로 학비와 생활비 걱정 없이 수학에 몰두할 수 있었습니다.

가우스의 비밀 일기

가우스의 19번째 생일 하루 전, 그는 놀라운 발견을 하였습니다. 바로 17개의 면을 가진 다면체를 컴퍼스와 자만을 가지고 그릴 수 있다는 것입니다.

이 작도 문제는 2000년 이상 수학자들이 불가능하다고 굳게 믿어 왔던 수학의 난제였습니다. 기원전 3세기경, 그리스 수학자 유클리드가 컴퍼스와 자를 가지고 정삼각형, 정사각형, 정오각형을 그려 냈지만, 정7각형, 정9각형, 정13각형, 정17각형은 그려 내지 못하였습니다. 2000년 동안 많은 수학자들이 이 문제에 도전했지만 모두 실패하고 말았습니다. 그러나 가우스는 부단한 노력을 통해 이를 그릴 수 있게 된 것입니다. 가우스는 이 발견을 매우 자랑스럽게 생각하여 나중에 자신이 죽으면 묘비에 정17각형을 새겨 넣어 달라고 일기장에 적어 놓았다고 합니다.

이때부터 가우스는 수학에 모든 열정을 쏟으리라 마음먹고, 수학에 관한 일기를 쓰기 시작하였습니다. 그런데 그의 성격은 매우 꼼꼼하고 신중하여 완전히 정리되지 않은 이론들에 대해서는 섣불리 발표하는 것을 꺼려하였습니다. 한번은 가우스가 자신의 연구 결과를 발표하였다가 일부 학자들로부터 틀렸다는 비난을 받게 되었습니다. 가우스는 자신의 이론을 이해하지도 못하는 사람들과 말씨름을 하면서 시간을 낭비할 필요가 없다는 생각이 들었습니다. 그 후로, 가우스는 아무한테도 알리지 않고 자신의 생각이나 아이디어를 일기장에 적어 놓곤 하였습니다. 그 일기는 가우스가 죽고 나서야 비로소 세상에 알려지게 되었으니, 매우 비밀스런 일기가 된 셈입니다.

가우스의 일기는 그가 죽은 후 1898년에야 비로소 발견되었는데, 그것은 그의 수학적 업적을 판단하는 데 중요한 시금석이 되었습니다. 일기는 1796년 3월 30일부터 1804년 7월 9일까지 작성되었는데, 이때 가우스의 나이는 18세에서 24세였습니다. 일기장에는 모두 백여 가지의 발견에 대한 간단한 증명, 계산 결과 등이 담겨 있었습니다.

이 중 첫날의 일기 내용이 바로 정17각형의 작도에 관한 것이었습니다. 가우스의 일기에서는 가우스만의 정직하면서도 자신만만한 감정을 엿볼 수 있습니다. 마치, 아르키메데스의 "유레카(발견했다)!"처럼, 가우스도 타원함수의 가장 아름다운 성질을 발견한 날의 일기를 "마침내 성공했다!"라는 환호로 끝맺었습니다.

의미 있는 수학 문제에 끝까지 도전

1801년 어느 날, 이탈리아 천문학자 피아치는 '케레스'라는 소행성을 발견했습니다. 그가 이 새로운 행성을 발견하기는 했지만, 행성의 궤도를 알아내는 방법을 몰랐습니다. 이것을 정확히 계산할 수만 있다면, 언제 어디서 다시 출현할지 알 수 있을 것입니다. 그런데 결국 이 문제를 가우스가 해결했습니다.

가우스는 계산법을 알아내어 케레스가 어디에 위치할 것인지 정확하게 예측했습니다. 이때 25세도 채 안 된 가우스는 단번에 유럽에서 최고의 명성을 얻게 되었습니다. 케레스의 궤도를 계산할 때 그는 33만여 개의 수를 계산했는데, 하루에 3000개의 숫자를 계산하였으니 100여 일이 걸린 셈이었습니다.

누군가 가우스에게 그렇게 복잡한 문제를 포기하지 않고 어떻게 그렇게 오랫동안 계산할 수 있느냐고 물었을 때, 가우스는 다음과 같이 대답하였습니다.

"의미가 있고 그럴 만한 가치가 있다고 생각되는 문제라면 아무리 어려워도 손에서 놓지 않을 것입니다."

가우스가 죽은 후에, 하노버의 왕은 그의 죽음을 애석해하며, 그를 위한 특별한 메달을 만들었습니다. 왕은 그 메달에 '수학의 황제 가우스'라고 썼습니다. 오늘날까지도 많은 사람들은 가우스를 아르키메데스, 뉴턴과 함께 가장 훌륭한 3대 수학자 중 하나로 여기고 있습니다. 독일의 한 수학자는 다음과 같은 표현으로 가우스를 높이 평가했다고 합니다.

"만약 18세기의 수학자들을 하나의 거대한 산으로 비유한다면 그 산의 산봉우리는 가우스일 것입니다."

가우스가 되어 문제를 해결해 봅시다!

삼각수

가우스는 1부터 100까지의 합을 다음과 같이 구했습니다.

$$\begin{array}{rl} S &= 1+2+\cdots+99+100 \\ +\ S &= 100+99+\cdots+2+1 \\ \hline 2S &= \underbrace{101+101+\cdots+101+101}_{100\text{개}} \end{array}$$

$$2S = 101 \cdot 100$$

$$S = 101 \cdot 50 = 5050$$

어떤 수들의 합을 구하는 데 도형을 이용하면 일반적인 방법을 이끌어 내는 데 도움이 됩니다.

삼각수(Triangle Number, T_n)는 정삼각형 형태로 배치할 수 있는 수를 말합니다. 피타고라스 학파의 사람들은 존재하는 수는 어떤 형태를 가져야만 한다고 생각했기 때문에 항상 수를 도형과 관련시켜서 생각했습니다. 그들은 점을 나타내는 모나드(monad, 單子)를 생각했으며, 이 모나드의 아름다운 배열에 의해서 표시되는 수에 특히 흥미를 가지고 있었습니다.

다음과 같이 모나드를 정삼각형 모양으로 배열해서 나타낼 수 있는 수가 T_n 입니다.

1	3	6	10	15
T_1	T_2	T_3	T_4	T_5

이번엔 $1+2+3+\cdots n$을 구해 볼까요?

이를 위해서는 각 열에 $(n+1)$개의 점이 있는 직사각형을 만들어 봅니다.

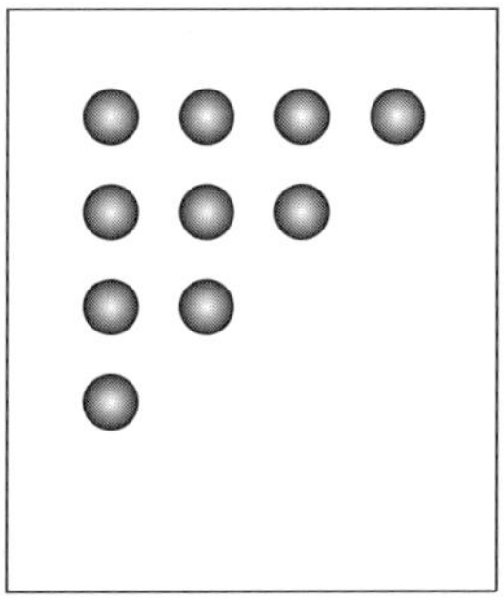

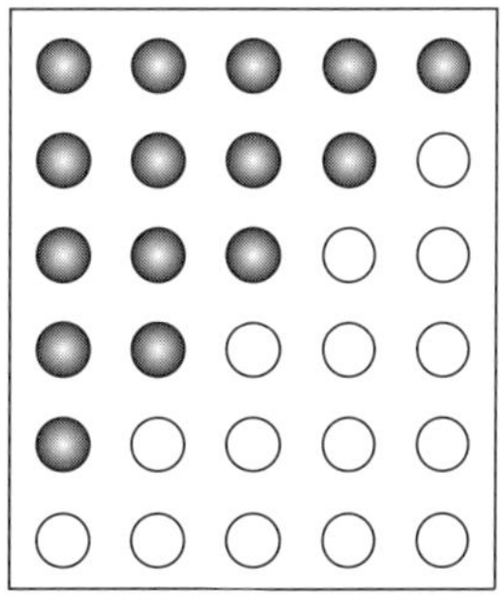

직사각형 안에 있는 모든 점들의 수는 $n(n+1)$이므로 삼각형의 점들의 수는 $\frac{n(n+1)}{2}$이 됩니다.

홀수들의 합, 즉 $1+3+5+\cdots+(2n-1)$은 어떻게 표현할 수 있을까요?

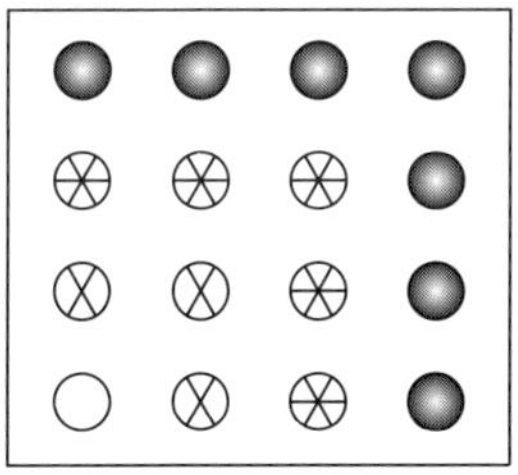

따라서 $1+3+5+\cdots+(2n-1)=n^2$으로 표현할 수 있습니다.

이번엔 짝수들의 합, 즉 $2+4+6+\cdots+2n$은 어떻게 표현할 수 있을까요?

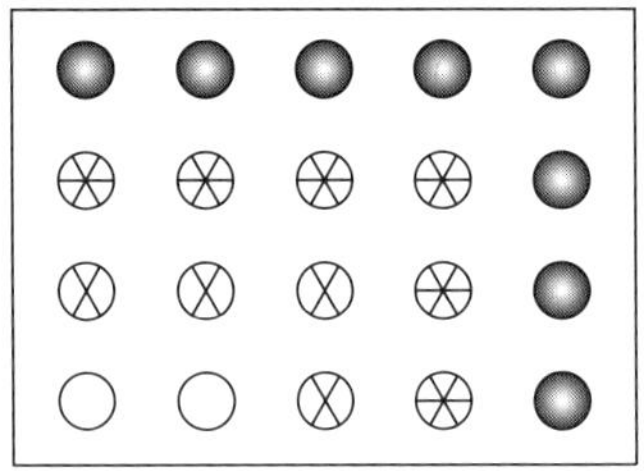

따라서 $2+4+6+\cdots+2n=(n+1)n$으로 표현할 수 있습니다.

문제 27 다음 그림의 각 도형 안에 포함되어 있는 정사각형의 개수를 세어, 아래 표를 완성하고 어떤 규칙성이 있는지 설명해 보세요.

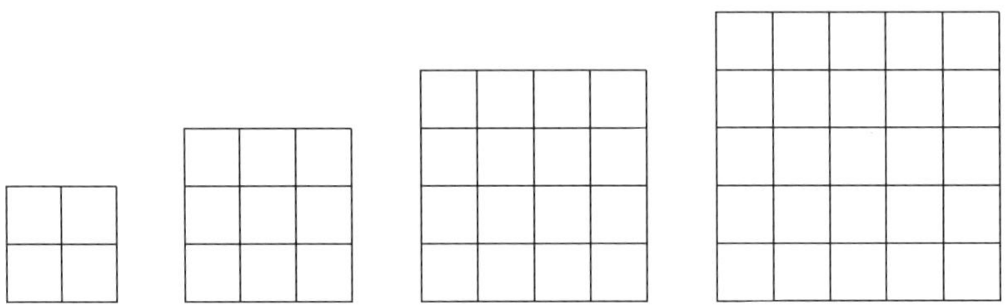

(1) (2) (3) (4)

정사각형 한 변의 길이 / 번호	5	4	3	2	1	총 수
(1)						
(2)						
(3)						
(4)						

문제 28 $1^3+2^3+3^3=(1+2+3)^2$이 성립함을 기하학적으로 설명해 보세요.

스리니바사 라마누잔(Srinivasa Ramanujan, 1887년~1920년)
인도 수학자
수에 대해 뛰어난 감각을 가짐
원주율을 구하는 공식 발견

인도의 전설적인 수학자
스리니바사 라마누잔

30대 초반의 젊은 나이에 죽음을 앞두고도 택시번호 1729에
의미를 두었던 인도의 수학 천재가 있었습니다.
그가 바로 라마누잔입니다.

수학 기호와 숫자를 좋아했던 라마누잔

"엄마, 엄마, 이번에도 또 수학경시대회에서 상을 탔어요."

라마누잔은 헐레벌떡 집으로 뛰어 들어 오면서 외쳤습니다.

"정말 잘했구나."

"엄마, 제가 수학에 정말 소질이 있다고 생각하세요? 제가 이 다음에 커서 유명한 사람이 될 것 같으세요?"

"글쎄, 그렇게 유명해지고 싶니? 이 세상에서 유명해지는 것만이 최고는 아니란다. 유명해지는 것보다도 중요한 게 많아."

어머니는 잔뜩 들떠 있는 아들에게 침착하게 말씀하셨습니다. 어머니에게 라마누잔은 귀중한 존재였습니다. 왜냐하면, 그녀가 결혼한 후 오랫동안 아이가 생기지 않아서 '나마가리' 여신께 수없이 기도한 끝에 얻은 아이였기 때문입니다. 어머니는 라마누잔이 특별히 신의 은총을 받고 태어난 아이라고 생각하였습니다.

라마누잔은 에로데라는 인도의 작은 마을에서 태어났습니다. 그는 인도에서는 귀족 계급인 브라만으로 태어났지만, 집안은 학비를 걱정할 정도로 가난했습니다. 방 한 칸에서 모든 식구들이 생활해야 했지만 라마누잔은 불평하지 않고 그 좁은 공간에서 틈나는 대로 수학 공부를 하였습니다.

라마누잔은 모든 과목을 열심히 공부하였으나 말을 많이 해야 하거나 글을 써야 하는 과목에는 자신이 없었습니다. 그래서 그는 말이나 글이 별로 필요 없이 간결한 공식과 기호로 되어 있는 수학을 좋아했습니다.

라마누잔은 좀 더 깊이 있는 내용이 담겨 있는 수학책을 보고 싶었지만 집안 형편이 어려워 그런 책을 구할 수가 없었습니다. 라마누잔이 12세 되던 어느 날, 길을 지나가다가 우연히 어떤 형이 가지고 있는 수학책을 보게 되었습니다. 라마누잔은 평상시 수

줍음을 많이 타는 편이었지만 용기를 내어 그 책을 빌려 달라고 말하였습니다. 그 형은 비웃으며 자신도 잘 이해가 가지 않는 어려운 책이라고 하면서 거절하였습니다. 하지만 라마누잔은 사정사정하여 그 책을 일주일 동안만 빌리기로 하였습니다. 결국, 라마누잔은 일주일 내내 로니의 《평면삼각형》을 탐독하면서 수학에 깊은 관심을 갖기 시작하였습니다.

라마누잔이 15세 되던 해에 그의 인생을 결정적으로 바꾸어 놓은 책이 있었습니다. 그는 카의 《순수수학의 기초 결과 개요》를 읽고 수학에 완전히 빠져들었습니다. 사실, 이 책에는 무려 6000개가 넘는 정리들이 담겨 있었는데, 라마누잔은 이 정리들을 증명했을 뿐만 아니라 이를 뛰어넘어 자신의 정리와 생각을 스스로 발전시켜 나아갔습니다.

하디 교수와의 인연

라마누잔은 1903년에 인도 남부지방의 국립대학에 장학생으로 입학하였습니다. 그 대학에서도 라마누잔은 어렵고 복잡한 수학 문제를 간단한 방법으로 해결하는 학생으로 유명하였습니다. 하지만 그는 오로지 수학에만 집중하고 다른 과목은 소홀히 하여 장학금을 놓치게 되었습니다. 그는 집안 형편이 어려워 장학금 없이는 공부를 계속할 수 없었기 때문에 대학을 포기해야 했습니다.

그 대신 혼자서 수학을 공부하기로 결심하였습니다. 그의 수학적 발견들을 보고 감명받은 어떤 부자가 한동안 그를 도와주기도 하였지만, 그런 식으로 도움을 받는 것은 옳지 못하다고 생각하였습니다. 그래서 회사원으로 일하며 하루에 거의 2시간만 자면서 수학 연구에 매달렸습니다. 라마누잔은 1911년 〈인도수학회지〉에 첫 논문을 발표하면서 서서히 알려지게 되었습니다.

하지만 라마누잔은 인도에서 연구하는 것에 한계를 느끼게 되었습니다. 그러던 중, 주위의 권유로 케임브리지 대학 교수인 하디에게 자신의 논문과 함께 편지를 보냈습니다. 그때가 1913년이었습니다.

하디 교수는 풀이도 증명 과정도 없고 결과들(정리)만 잔뜩 쓰여 있는 편지를 보고 처음에는 엉터리라고 생각하였습니다. 사실, 라마누잔은 종이 값이 비싸서 수학 문제를 종이에 풀지 못하고 백묵으로 석판에 풀고 팔꿈치로 지우곤 하였기 때문에 최종 답만 남기는 경우가 많았습니다.

하디 교수가 라마누잔이 보낸 편지를 쓰레기통에 버리려는 순간, 이상한 식을 하나 발견하였습니다. 하디 교수는 다시 라마누잔의 논문을 자세히 검토하기 시작하였습니다. 그 결과, 증명 없이 열거한 정리들이 매우 중요한 수학적 결과라는 사실을 알게 되었습니다. 그때부터 약 1년 동안 하디 교수와 라마누잔은 서신을 주고받았고, 1914년에 하디 교수의 도움으로 케임브리지 대학에 초청되었습니다.

그런데 막상 인도를 떠나려고 하니 많은 제약이 따랐습니다. 그는 영어에도 자신이 없었고 낯선 서양 음식을 먹는 것도 두려웠습니다. 무엇보다도 그는 전통적인 힌두교의 관습을 철저히 지켜 왔기 때문에 외국 여행을 삼가도록 되어 있는 규칙을 어기는 것이 마음에 걸렸습니다. 이 모든 걱정에도 불구하고 배움에 대한 열정으로 힘들게 유학을 결정하고 영국으로 건너가 하디와 함께 공동 연구를 시작하였습니다.

다양한 수의 표현

1918년, 라마누잔은 30세의 젊은 나이에 수학적 능력을 인정받아 영국 왕립학회의 특별회원으로 선출되었습니다. 인도인으로서는 최초의 회원이었습니다. 그 후 라마누잔은 하디 교수와 함께 많은 연구를 하였습니다. 그중에서도 '분할'이라고 불리는 것에 깊은 관심이 있었습니다.

분할은 어떤 수가 다른 수들의 합으로 몇 번이나 표현될 수 있는지에 관한 것입니다. 예를 들어, 4는 다음과 같이 다섯 가지 방법으로 분할되어 표현될 수 있습니다.

$$1+3,\ 1+1+2,\ 1+1+1+1,\ 2+2,\ 4$$

하지만 수가 점점 커질수록 분할 방법이 복잡해져 그 횟수도 더 많아집니다. 예를 들어, 200은 약 400조 개로 분할될 수 있다고 합니다. 그러니 당시에 큰 수의 분할 횟수는 계산할 수 없다고 생각한 것도 무리는 아닙니다. 하지만 라마누잔은 하디 교수의 도움으로 큰 수의 분할 횟수를 구하는 공식을 만들어 냈습니다. 이러한 분할 공식은 물리학에서 미세한 입자로 이루어진 우주에 관해 연구할 때 굉장히 중요하다고 합니다.

라마누잔의 업적 중에서 또 하나 중요한 것이 있습니다. 그것은 기원전 약 250년 아르키메데스와 17세기 뉴턴이 원주율을 계산한 이래로 보다 정확히 원주율을 구할 수 있는 공식을 만들어 낸 것입니다. 아무리 속도가 빠른 컴퓨터라 할지라도 그 공식 없이는 그렇게 정확히 계산할 수 없다고 합니다. 라마누잔이 관심을 보인 무한급수 이론에는 컴퓨터로 파이 값을 소수점 이하 1700만 자리까지 계산할 수 있는 연분수 공식이 포함되어 있습니다.

어떤 연분수는 영원히 계속되기도 하는데 이러한 무한연분수는 가분수가 아니며, 이렇게 계속되는 분수의 값은 충분히 정확한 값으로 가까워지는 것을 알 수 있습니다.

$$1+\cfrac{1}{1+\cfrac{1}{1+\cfrac{1}{1+\cdots}}}$$

하디 교수는 라마누잔의 무한급수와 연분수를 조작하는 초자연적인 형식적 직관에 매우 놀랐으며, 한편으로는 그것을 좋아했습니다. 하디 교수는 "나는 여태껏 라마누잔과 같은 사람을 만난 적이 없다."고 말하며, 라마누잔에 대한 칭찬을 아끼지 않았습니다. 라마누잔은 유명한 수학자들에 비해 일반 대중에게는 덜 알려져 있지만, 수학자들 사이에는 레온하르트 오일러나 카를 야코비 이래 필적할 만한 상대가 없는 천재로 불립니다.

죽음을 앞두고도 숫자에 의미를 담다

라마누잔은 영국에 와서 학문적으로는 큰 성과를 이루었습니다. 하지만 그는 예상했던 대로, 서양 음식도 잘 먹지 못하고 잠도 충분히 자지 못한 채 공부에만 매달려서인지 그만 폐병에 걸리고 말았습니다. 그는 병원에 입원하여 치료를 받았지만, 병세는 나아지지 않았습니다. 그래서 그는 영국에 온 지 5년 만인 1919년에 고향으로 되돌아갔습니다. 하지만 그곳에서도 그의 병은 결코 좋아지지 않고 오히려 점점 더 나빠졌습니다.

하디 교수는 라마누잔의 건강이 더욱 나빠졌다는 소식을 전해 듣고 그를 만나기 위하여 인도에 갔습니다. 하디 교수는 자신이 생각했던 것보다 건강 상태가 훨씬 더 좋지 않은 라마누잔을 본 순간 아무 말도 할 수가 없었습니다. 하디 교수는 당황하여 그에게 무슨 말을 해야 좋을지 몰랐습니다. 하디 교수는 애써 웃으면서 말을 건넸습니다.

"오랜만일세. 길을 잘 몰라 택시를 탔는데, 기사 양반이 불친절하고 인상도 험상궂었다네. 그 택시 번호는 1729였어. 1729. 별로 재미없는 숫자지?"

"교수님이 여기까지 웬일이세요? 정말 반갑습니다. 그런데 택시 번호가 1729였다고요? 아주 재미있는 수네요. 1729는 두 수의 세제곱의 합으로 나타낼 수 있는 숫자이고 동시에 두 가지 방법으로 나타낼 수 있는 가장 작은 자연수인걸요."

기운이 하나도 없이 누워 있던 라마누잔은 숫자 이야기를 하면서 기운이 나는지 몸을 천천히 일으켜 세웠습니다. 하디 교수는 깜짝 놀랐습니다. 예전부터 라마누잔이 수에 관해 비범한 능력을 가지고 있는 줄은 알았지만, 이렇게까지 대단한 줄은 미처 몰랐기 때문입니다.

라마누잔이 말한 것처럼 $1729 = 12^3 + 1^3 = 10^3 + 9^3$입니다.

결국, 라마누잔은 인도로 돌아온 이듬해에 죽었습니다. 많은 사람들은 라마누잔이 32세의 젊은 나이로 생을 마친 것을 애석해하였습니다. 그의 죽음은 수학의 발전에 커다란 손실을 가져왔다고 하였습니다.

그가 죽을 때까지 연구한 내용은 1976년이 되어서야 발견되었는데, 이를 라마누잔의 '잃어버린 노트'라고 부릅니다. 대부분의 수학 연구는 앞선 연구를 기초로 하는 것에 비해, 라마누잔의 연구에는 그 자신만의 독창적인 것이 많았습니다.

'잃어버린 노트'에 실린 이론 중에는 아직도 증명되지 않은 것이 몇 백 가지나 된다고 합니다. 또, 라마누잔의 공식을 증명하는 과정에서 새로운 수학적 원리가 발견되기도 한다니, 정말 대단한 수학자임에 틀림없는 것 같습니다.

하디 교수의 말대로, 10년만 일찍 수학을 정식으로 공부했다면, 훨씬 많은 업적을 남겼을 것입니다.

라마누잔이 되어 문제를 해결해 봅시다!

겔로시아 곱셈법

서양에 네이피어의 막대가 있었다면 동양에는 겔로시아 곱셈법이 있었습니다.

12세기경 인도에서 사용된 겔로시아 곱셈법이 중국과 아라비아, 페르시아로 전파되었으며, 아라비아 사람들에 의하여 서유럽에 전해진 것으로 알려져 있습니다. 그리고 겔로시아는 계산에 필요한 격자무늬의 선을 그리는 불편함에도 불구하고 간단히 적용할 수 있기 때문에 종종 곱셈에 흥미를 유발하기 위한 도구로 현재까지도 사용되고 있습니다.

예 : 7695 × 543

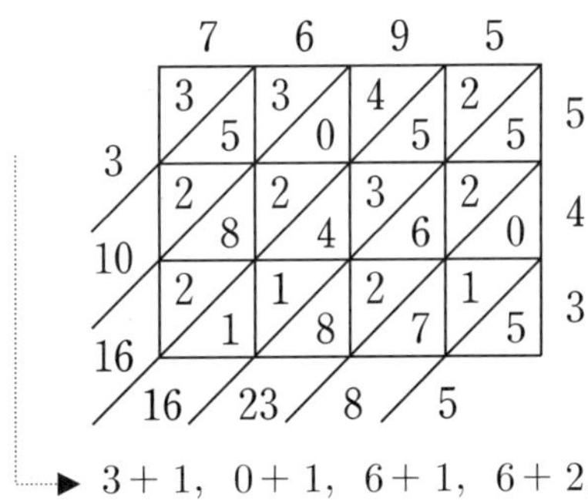

▶ 3+1, 0+1, 6+1, 6+2, 3, 8, 5= 4178385

1. 위의 그림과 같이 격자를 그리고 7, 6, 9, 5와 5, 4, 3을 각 칸의 둘레에 쓴다.
2. 7과 5를 곱한 결과인 35를 첫 줄 첫 번째 칸에 십의 자리 3과 일의 자리 5로 나누어 각각 숫자 하나씩을 써넣는다.
3. 마찬가지 방법으로 6과 5를 곱한 결과인 30을 써넣는다. 이때, 한 자릿수인 경우, 예를 들어 곱한 결과가 1이 나오면 대각선 위쪽에 0을 쓰고 밑에 1을 써넣는다.

4. 이와 같은 방법으로 격자의 나머지 부분을 쭉 채워 넣는다.
5. 대각선을 바깥으로 연장한 후 대각선 안의 수를 더하여 적으면 왼쪽 위부터 차례로 3, 10, 16, 16, 23, 8, 5이다. 더한 수를 왼쪽부터 차례로 적으면 되는데, 대각선의 수를 더하여 나온 값이 두 자릿수인 경우에는 십의 자릿수는 바로 앞의 숫자 중 일의 자릿수와 더하여 적는다. 즉, 3+1, 0+1, 6+1, 6+2, 3, 8, 5과 같이 적는다. 나온 값들을 왼쪽부터 순서대로 나열하면 결과값은 4178385이다.

문제 29 237×761을 겔로시아 곱셈법으로 계산해 보세요.

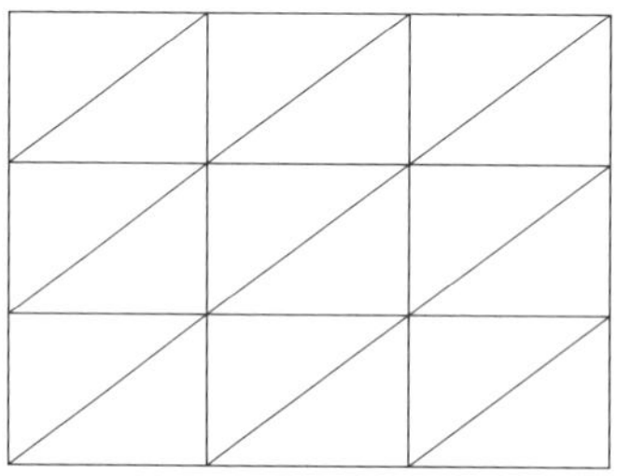

결과값 : ____________

문제 30 다음 그림과 같이 황금 원판 64개와 기둥 3개가 있습니다. 한 번에 1개의 황금 원판만 움직이고, 작은 황금 원판 위에 그보다 큰 황금 원판을 올려놓지 않는다는 규칙을 세웁니다. 이 두 가지 규칙을 지키면서 한 기둥에 있는 64개의 원판을 다른 기둥으로 옮기려면 총 몇 번을 시도해야 할까요?

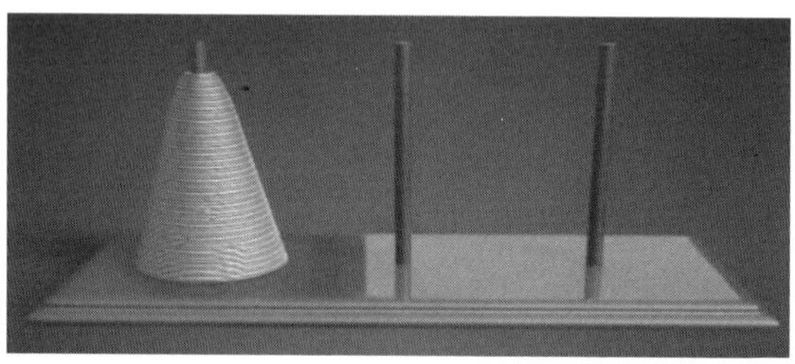

문제 31 다음의 인도 수학의 계산법이 맞는지 알아보세요.

또, 이 계산법을 사용하여 95×94를 계산해 보세요.

97과 96을 곱하는 방법

97을 100에서 빼어 나머지 3을 얻고, 96을 100에서 빼어 나머지 4를 얻어, 이 두 수를 합치면 7이 된다. 이어서 7을 100에서 빼고 남은 수인 93을 답의 맨 앞 두 자릿수로 두고, 그 뒤 3과 4를 곱한 12를 93 뒤에 붙이면 9312라는 정답이 나온다.

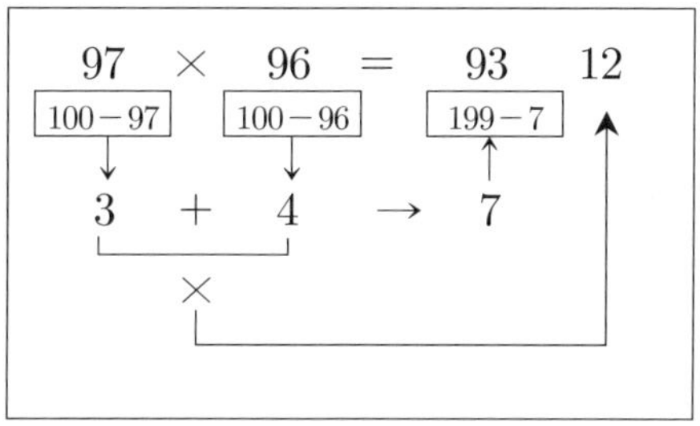

문제풀이

문제 1 미디엄 사이즈와 패밀리 사이즈의 피자 크기를 비교해 보면 다음과 같다.

$$24:36=0.67:1$$

이 두 피자의 가격을 비교해 보면 다음과 같다.

$$17500:28500=0.61:1$$

그럼 패밀리 사이즈 1판과 미디엄 사이즈 2판 중 어느 쪽이 더 경제적일까?

① 피자 크기 비교(지름의 닮음비)

피자 크기	미디엄	라지	패밀리
미디엄	1	$\frac{3}{4}=0.75$	$\frac{2}{3}\fallingdotseq 0.67$
라지	$\frac{4}{3}\fallingdotseq 1.33$	1	$\frac{8}{9}\fallingdotseq 0.89$
패밀리	$\frac{3}{2}=1.5$	$\frac{9}{8}=1.125$	1

② 피자 가격 비교

피자 크기	미디엄	라지	패밀리
미디엄	1	$\frac{5}{7}\fallingdotseq 0.71$	$\frac{35}{57}\fallingdotseq 0.61$
라지	$\frac{7}{5}=1.4$	1	$\frac{49}{57}\fallingdotseq 0.86$
패밀리	$\frac{57}{35}\fallingdotseq 1.63$	$\frac{57}{49}\fallingdotseq 1.16$	1

③ 피자 크기 비교(반지름을 이용한 넓이의 닮음비)

피자 크기	미디엄	라지	패밀리
미디엄	1	$\frac{9}{16}=0.56$	$\frac{4}{9}\fallingdotseq 0.44$
라지	$\frac{16}{9}\fallingdotseq 1.78$	1	$\frac{64}{81}\fallingdotseq 0.79$
패밀리	$\frac{9}{4}=2.25$	$\frac{81}{64}\fallingdotseq 1.27$	1

위에서 지름의 닮음비를 비교하였다면, 피자의 실제 크기는 원의 넓이 πr^2이므로

$$(12)^2\pi : (18)^2\pi = 144\pi : 324\pi$$

이다. 따라서 패밀리 사이즈가 미디엄 사이즈보다 2배 이상 크다는 것을 알 수 있다. 따라서 미디엄 사이즈 피자 2판보다 패밀리 사이즈 피자 1판을 주문하는 것이 더 경제적이라는 것을 알 수 있다.

문제 2 구의 부피를 구하려면 반지름의 세제곱을 곱해야 하기 때문에(구의 부피 : $\frac{4}{3}\pi r^3$), 부피의 비는 2 : 1이 아니라 8 : 1이 되는 것을 알 수 있다.

즉, 큰 멜론 1개와 같은 부피가 되려면 작은 멜론은 8개가 있어야 한다. 따라서 10,000원에 큰 멜론이 3개라면 작은 멜론은 24개 있어야 부피가 같게 된다. 따라서 작은 멜론이 7개라면 너무 적다.

그러므로 반지름이 10cm인 큰 멜론 3개를 사는 것이 더 경제적이다.

문제 3

수 모임을 만드는 기준		기준에 맞는 수
약수의 개수	홀수 개	4, 9, 16, 25 <이 수들의 공통점 무엇일까요?> 완전제곱수
	짝수 개	그 외의 수
피타고라스 학파의 수 묶기	과잉수	12, 18, 20, 24, 30
	완전수	6, 28
	부족수	2, 3, 4, 5, 7, 8, 9, 10, 11, 13, 14, 15, 16, 17, 19, 21, 22, 23, 25, 26, 27, 29

문제 4 (1) 정사각형 ①의 넓이 9, 정사각형 ②의 넓이 16

(2) 정사각형 ③의 넓이 25

(3) 정사각형 ③의 넓이는 정사각형 ②와 정사각형 ①의 넓이를 더한 것과 같다.

(4) 정사각형 ③의 넓이는 c^2이고, 정사각형 ②의 넓이는 a^2, 정사각형 ①의 넓이는 b^2이다. 따라서 정사각형 ③의 넓이는 정사각형 ②와 정사각형 ①의 넓이를 더한 것과 같으므로,

$$c^2 = a^2 + b^2$$

이다.

따라서 직각삼각형의 빗변의 길이의 제곱은 다른 두 변의 길이의 제곱의 합과 같음을 알 수 있다.

문제 5 플라스크에 반만 담긴 우유의 양이 1이라 하면, 가득 담긴 우유의 양은 2이다. 따라서 총 30개의 플라스크에 담긴 우유의 양은 $1\times10+2\times10=30$이다. 그런데, 우유를 세 상자에 똑같이 나누어 담으려 하므로 한 상자당 플라스크는 10개씩, 우유의 양은 10씩 나누어 주면 된다.

여기서, 우유가 반만 담긴 플라스크의 개수를 세 상자에 나누어 담는 경우의 수는 (10, 0, 0) (8, 2, 0) (6, 4, 0) (6, 2, 2) (4, 4, 2)이다. (왜냐하면, 홀수 개로 나누면 가득 담긴 우유의 양이 짝수이므로 10을 만들 수 없기 때문이다.)

① (10, 0, 0)인 경우
가득 담긴 플라스크는 (0, 5, 5)
빈 플라스크는 (0, 5, 5)

② (8, 2, 0)인 경우
가득 담긴 플라스크는 (1, 4, 5)
빈 플라스크는 (1, 4, 5)

③ (6, 4, 0)인 경우
가득 담긴 플라스크는 (2, 3, 5)
빈 플라스크는 (2, 3, 5)

④ (6, 2, 2)인 경우
가득 담긴 플라스크는 (2, 4, 4)
빈 플라스크는 (2, 4, 4)

⑤ (4, 4, 2)인 경우
가득 담긴 플라스크는 (3, 3, 4)
빈 플라스크는 (3, 3, 4)

문제 6 $1254 \div 540 = 2 \cdots 174$

$540 \div 174 = 3 \cdots 18$

$174 \div 18 = 9 \cdots 12$

$18 \div 12 = 1 \cdots 6$

$12 \div 6 = 2 \cdots 0$

$\therefore$ 1254와 540의 최대공약수는 6이다.

실제로 $1254 = 2 \times 3 \times 209$

$540 = 2^2 \times 3^3 \times 5$이므로 최대공약수는 $2 \times 3 = 6$이다.

문제 7 아래 그림과 같은 크기의 직사각형을 그려서 x의 길이를 구할 수 있다.

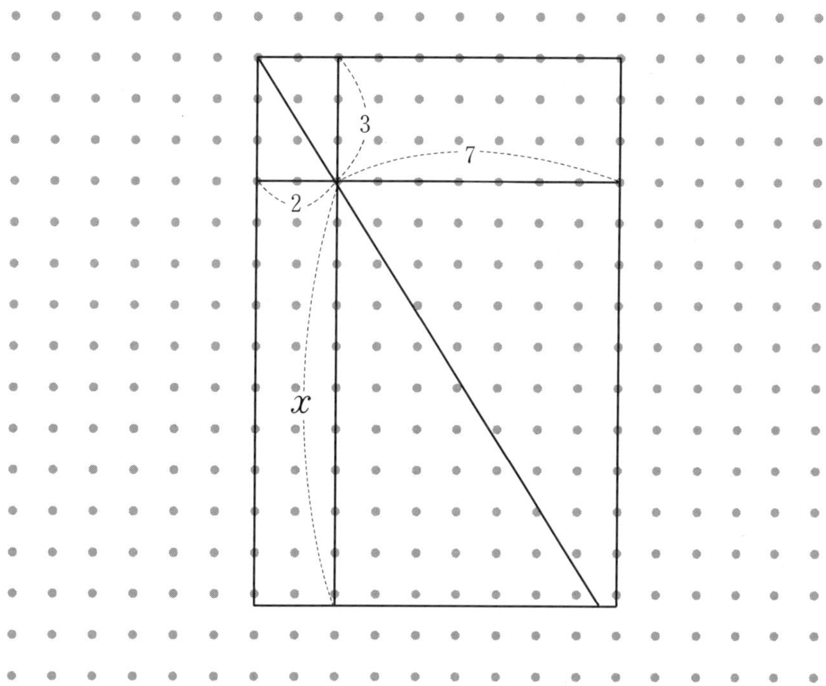

문제 8 (1) $24 \times 3 = 36 \times 2$이므로 받침대는 시소의 3 : 2 위치에 있어야 한다.

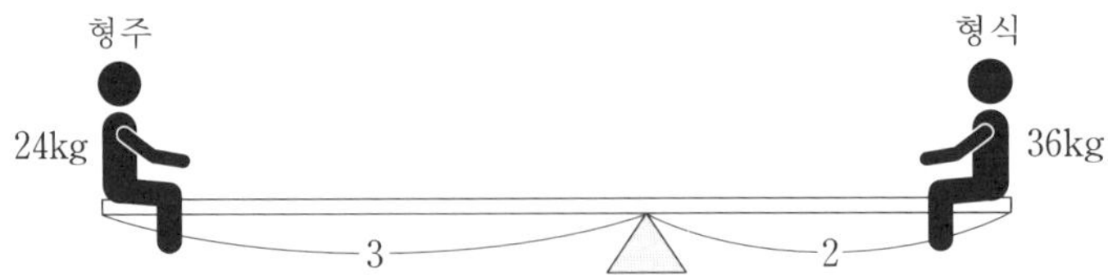

(2) $C \times 1 = A \times 1 + B \times 2$

$C = 80\,\text{kg}$

문제 9

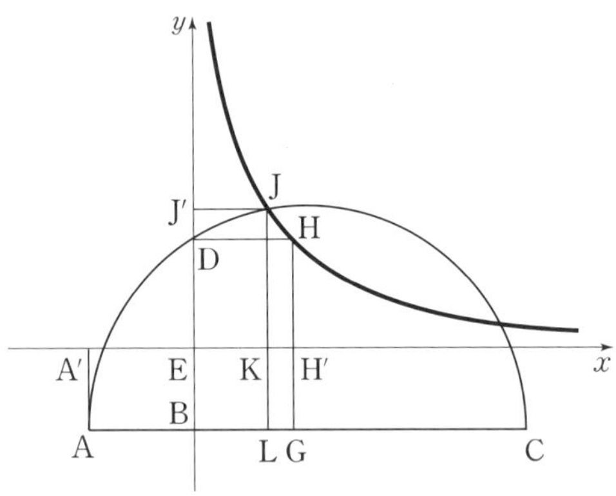

점 J를 y축에 내린 수선의 발 J′

점 H를 x축에 내린 수선의 발 H′

점 A를 x축에 내린 수선의 발 A′

(1) $\square J'EKJ = \square DEH'H = \square A'ABE$ 이므로 다음과 같다.

$\square J'EKJ = \overline{EK} \cdot \overline{KJ}$

$\square DEH'H = \overline{EH'} \cdot \overline{H'H} = \overline{BG} \cdot \overline{ED}$

$\square A'ABE = \overline{AB} \cdot \overline{BE}$

$\therefore \ \overline{EK} \cdot \overline{KJ} = \overline{BG} \cdot \overline{ED} = \overline{BE} \cdot \overline{AB}$

(2) $\overline{BL} \cdot \overline{LJ} = \square BLJJ'$

$= \square J'EKJ + \square EBLK$

$= \square A'ABE + \square EBLK$

$= \square A'ALK$

$= \overline{AL} \cdot \overline{LK}$

$= \overline{AL} \cdot \overline{BE}$

$= \overline{BE} \cdot \overline{AL}$

> 이후 다음과 같은 내용을 보이면 3차방정식의 해법을 기하학적으로 보일 수 있다.
>
> (i) $\overline{LJ}^2 = \overline{AL} \cdot \overline{LC}$
>
> (ii) $\dfrac{\overline{BE}^2}{\overline{BL}^2} = \dfrac{\overline{LJ}^2}{\overline{AL}^2} = \dfrac{\overline{LC}}{\overline{AL}}$
>
> (iii) $\overline{BE}^2 \cdot \overline{AL} = \overline{BL}^2 \cdot \overline{LC}$
>
> (iv) $b^2(\overline{BL} + a^3/b^2) = \overline{BL}^2(c - \overline{BL})$
>
> (v) $\overline{BL}^2 + b^2 \cdot \overline{BL} + a^3 = c\overline{BL}^2$
>
> 따라서 BL이 주어진 3차방정식의 한 근이다.

문제 10 앞의 두 항을 더해서 뒤의 항을 만들어 나간다.

즉, 13 + 21 = 34

21 + 34 = 55, ⋯

따라서, 34, 55, 89, 144, 233, 377, 610이다.

문제 11

번째	$a_n \div a_{n-1}$	값
1	$1 \div 1$	1.00000
2	$2 \div 1$	2.00000
3	$3 \div 2$	1.50000
4	$5 \div 3$	1.66666
5	$8 \div 5$	1.60000
6	$13 \div 8$	1.62500
7	$21 \div 13$	1.61538
8	$34 \div 21$	1.61904
9	$55 \div 34$	1.61764
10	$89 \div 55$	1.61818
11	$144 \div 89$	1.61797
12	$233 \div 144$	1.61805
13	$377 \div 233$	1.61802
14	$610 \div 377$	1.61803

즉, 황금비율$\left(1.61803 \cdots \fallingdotseq \dfrac{1+\sqrt{5}}{2}\right)$에 가까워진다.

실제 $a_n = \dfrac{1}{\sqrt{5}}\left(\left(\dfrac{1+\sqrt{5}}{2}\right)^n - \left(\dfrac{1-\sqrt{5}}{2}\right)^n\right)$의 값으로 표현될 수 있는데,

이때 n을 매우 크게 하면 $-1 < \dfrac{1-\sqrt{5}}{2} < 1$이므로 $\left(\dfrac{1-\sqrt{5}}{2}\right)^n$의 값은 0에 가까워진다.

따라서 $\dfrac{a_n}{a_{n-1}} \fallingdotseq \dfrac{\dfrac{1}{\sqrt{5}}\left(\dfrac{1+\sqrt{5}}{2}\right)^n}{\dfrac{1}{\sqrt{5}}\left(\dfrac{1+\sqrt{5}}{2}\right)^{n-1}} = \dfrac{1+\sqrt{5}}{2}$이다.

문제 12 (1) 표에서 가장 많이 나오는 숫자인 7을 말해야만 상금을 받을 가능성이 가장 크고 가장 적게 나오는 숫자인 12를 말하면 상금을 받을 가능성이 가장 적으므로 가장 좋지 않은 선택이 될 것이다.

(2) 6이 나올 경우는 모두 다섯 가지(총 36가지 경우 중)이므로, 6이 나올 확률은 $\frac{5}{36}$이다. 반면, 11이 나오는 경우는 두 가지뿐이므로 이때의 확률은 $\frac{2}{36}$이다. 따라서 6이 나올 가능성이 더 높으므로 6을 말한 여러분이 상금을 더 많이 얻을 가능성이 크다. 만일, 단순히 위에서 나온 표만을 가지고 11을 선택한다면 이는 수학적으로 옳지 않은 선택을 한 것이다.

문제 13 1년이 365일이라 가정할 때,

(생일이 같은 학생이 있을 확률) = 1 − (생일이 같은 학생이 없을 확률)

이다. 따라서 10명의 학생의 생일이 모두 다를 확률은, 첫 번째 학생의 생일은 365일 중의 한 날이고, 두 번째 학생의 생일은 첫 번째 학생의 생일과 달라야 하므로 364일 중의 어느 한 날이어야 한다. 또 세 번째 학생의 생일은 첫 번째와 두 번째 학생의 생일을 제외한 363일 중의 어느 한 날이다. 이와 같이 생각하면 10명이 모두 생일이 다를 확률은 다음과 같다. 그러므로 10명 중 생일이 같은 학생이 있을 확률은 다음과 같다.

$$1\times\left(1-\frac{1}{365}\right)\times\left(1-\frac{2}{365}\right)\times\cdots\times\left(1-\frac{9}{365}\right)=1-0.88305\cdots=0.11694$$

수학 동아리에서 생일이 같은 학생이 있을 확률을 구해보고 실제로 있는지 확인하여 보자. 아래 표를 보면 25명 정도만 되어도 그 확률이 상당히 높은 것을 알 수 있다.

인원	2	7	15	20	25	30	40	50	60
확률	0.0027	0.0562	0.2529	0.4114	0.5687	0.7063	0.8912	0.9704	0.9941

이것을 컴퓨터로 구해 보면 다음과 같다.

사람 수 k	확률 P(k)	사람 수 k	확률 P(k)
1	0	16	0.283604005
2	0.002739726	17	0.315007665
3	0.008204166	18	0.346911418
4	0.016355912	19	0.379118526
5	0.027135574	20	0.411438384
6	0.040462484	21	0.443688335
7	0.056235703	22	0.475695308
8	0.074335292	23	0.507297234
9	0.094623834	24	0.538344258
10	0.116948178	25	0.568699704
11	0.141141378	30	0.7063······
12	0.167024789	35	0.8144······
13	0.194410275	40	0.8912······
14	0.223102512	50	0.9704······
15	0.25290132	60	0.9941······

문제 14 (1) 42×28

① 계산할 수 42의 4, 2에 해당하는 막대를 찾아서 놓는다.

② 곱하는 수 2, 8에 해당하는 부분을 찾고 대각선으로 연결된 수를 더하여 읽는다.

③ 이 값들을 42×8의 결과값부터 차례대로 한 자리씩 앞당겨서 두고 더한다.

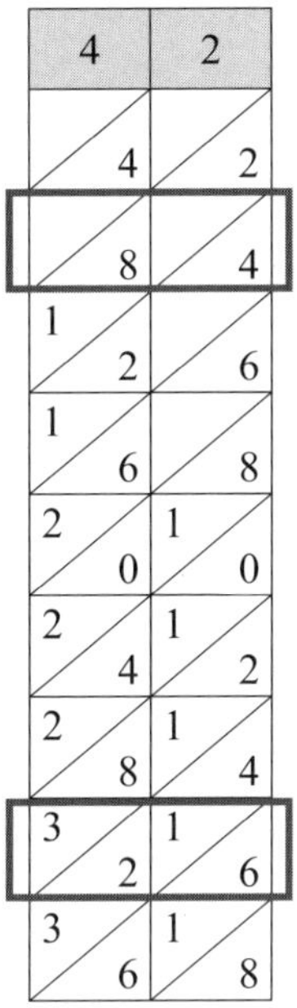

8 / 4 = 84

3 / 2 + 1 / 6 = 336

$$\begin{array}{r} 336 \\ +\ \ 84 \\ \hline 1176 \end{array}$$

답 1176

(2) 237 × 761

① 계산할 수 237의 2, 3, 7에 해당하는 막대를 찾아서 놓는다.

② 곱하는 수 7, 6, 1에 해당하는 부분을 찾고 대각선으로 연결된 수를 더하여 읽는다.

③ 이 값들을 237×1의 결과값부터 차례대로 한 자리씩 앞당겨서 두고 더한다.

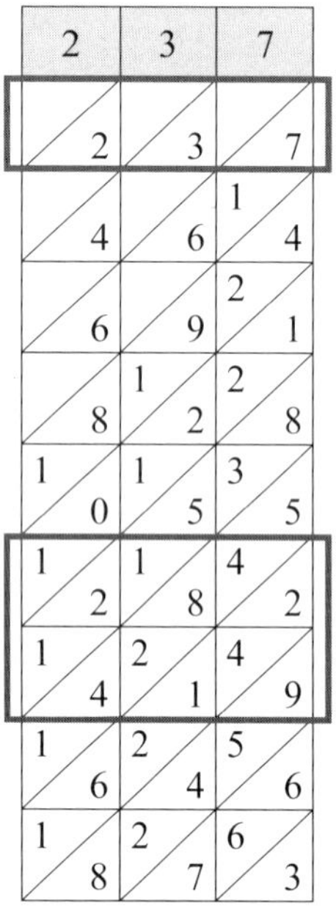

= 2 / 3 / 7 = 237

= 1 / 2 + 1 / 8 + 4 / 2 = 1422

= 1 / 4 + 2 / 1 + 4 / 9 = 1659

$$\begin{array}{r} 237 \\ 1422 \\ +\ 1659 \\ \hline 180357 \end{array}$$

답 180357

문제 15 (1) 편의상 구슬에 번호를 붙인 다음 세 묶음으로 나눈다.

묶음 1(①, ②, ③)과 묶음 2(④, ⑤, ⑥)를 접시저울 양쪽에 올려놓는다. 한쪽으로 기울어지면 내려가는 쪽에 무거운 구슬이 있는 것이고, 기울어지지 않으면 아직 무게를 달아 보지 않은 묶음 3(⑦, ⑧, ⑨)에 무거운 구슬이 있는 것이다.

무거운 구슬이 있는 묶음에서 아무 구슬이나 2개를 뽑아서 무게를 달아 본다. 한쪽으로 기울어지면 내려가는 쪽이 무거운 구슬이고, 기울어지지 않으면 달아 보지 않은 구슬이 무거운 구슬이다.

따라서 접시저울을 두 번 사용하면 찾을 수 있다.

(2) 문제 (1)에서와 같이 구슬에 번호를 붙인 다음 세 묶음으로 나눈다.

- 묶음 1(①, ②, ③)과 묶음 2(④, ⑤, ⑥)를 접시저울 양쪽에 올려놓는다. 한쪽으로 기울어지지 않으면 묶음 3(⑦, ⑧, ⑨)에 무게가 다른 구슬이 있는 것이다. 묶음 3(⑦, ⑧, ⑨)을 문제 (1)의 방법을 사용하여 무게를 달면 접시저울을 총 두 번 사용하여 무게가 다른 구슬을 찾을 수 있다.
- 묶음 1(①, ②, ③)과 묶음 2(④, ⑤, ⑥)를 접시저울 양쪽에 올려놓는다. 한쪽으로 기울어지면 둘 중 한쪽을 내리고 묶음 3(⑦, ⑧, ⑨)을 올려서 어느 묶음에 무게가 다른 구슬이 있는지 알 수 있다. 그 묶음을 문제 (1)의 방법을 사용하여 무게를 달면 접시저울을 총 세 번 사용하여 무게가 다른 구슬을 찾을 수 있다.

문제 16 (1)

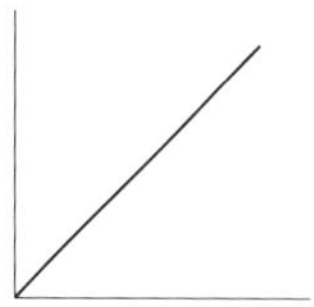

(2)

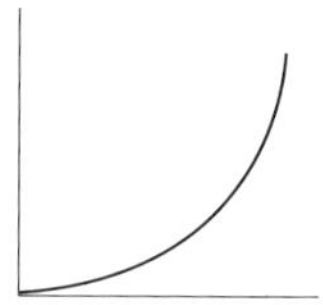

(3)

(4)

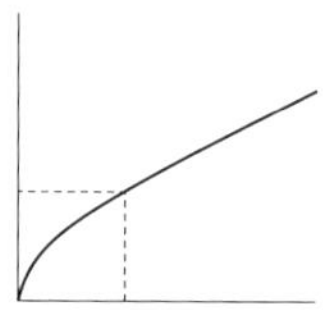

문제 17 (1) ㉮, ㉯, ㉰칸의 물을 다 채우고서 32초에서 57초까지 25초 동안 넣은 물의 양이 2500cm^3이므로 전체 밑넓이를 x라 하면 다음과 같은 방정식을 세울 수 있다.

$$10x = 2500, \qquad \text{따라서 } x = 250\text{cm}^2\text{이다.}$$

(2) ㉮, ㉯칸에 물을 모두 채우고 8초에서 20초까지 12초 동안 넣은 물의 양이 1200cm^3이므로, ㉮, ㉯칸 밑넓이를 x라 하면 다음과 같은 방정식을 세울 수 있다.

$$10x = 1200, \qquad \text{따라서 } x = 120\text{cm}^2\text{이다.}$$

0초에서 5초 동안 ㉮칸에 넣은 물의 양은 500cm^3이므로, ㉮칸 밑넓이를 x라 하면 다음과 같은 방정식을 세울 수 있다.

$$10x = 500, \qquad \text{따라서 } x = 50\text{cm}^2\text{이다.}$$

그러므로 ㉯칸의 밑넓이는 $120 - 50 = 70\text{cm}^2$이다.

㉯칸에 넣는 돌의 부피를 y라 하면 5초에서 8초까지 3초 동안 ㉯칸을 채우는 데 넣은 물의 양은 300cm^3이므로 $300 + y = 70 \times 10$을 계산하면 $y = 400\text{cm}^3$이다. 따라서 ㉯칸에 넣은 돌의 부피는 400cm^3이다.

문제 18 문자를 사용하지 않고 '아하'의 값을 가정하여 풀 수 있다.

중간에 분수 $\frac{4}{7}$가 있으므로 분수의 값을 자연수로 만들기 위하여 '아하'의 값이 7의 배수라는 것을 먼저 추측한다.

① '아하'의 값이 '7'이라고 먼저 가정한다.

$$7+7\times\frac{4}{7}=11$$

② '아하'의 값이 '14'라고 가정한다.

$$14+14\times\frac{4}{7}=22$$

③ '아하'의 값이 '21'이라고 가정한다.

$$21+21\times\frac{4}{7}=33$$

→ 그러므로 '아하'의 값은 '21'이다.

①번 과정에서 답이 11이 나오고 33은 11의 3배이므로 ②, ③번 과정을 하지 않고도 7×3=21로 풀어 볼 수도 있다.

[다른 풀이] 위와 같은 과정을 좀 더 쉽게 풀기 위하여 디오판토스는 문자를 사용하는 것을 도입하였다. 위 문제를 풀 때 문자 a를 사용하여 풀어 보자.

'아하'를 a로 놓고 풀어 본다.

$$a+\frac{4}{7}a=\frac{7}{7}a+\frac{4}{7}a=\frac{11}{7}a=33$$

그러므로 $a=21$이다.

문제 19 문제 18번에서 배운 문자식을 활용하여 식을 만들고 풀 수 있다.

디오판토스가 사망한 나이를 x라고 한다.

$\frac{x}{6}$는 소년으로 보냈다. $\frac{x}{12}$를 청년으로 보냈다.

$\frac{x}{7}$가 지나서 결혼했다. 5년 뒤에 아들을 낳았다.

$\frac{x}{2}$를 살다가 4년 뒤에 죽었다.

이 여섯 수를 모두 더하면 수학자의 나이인 x가 나온다.

$$\frac{1}{6}x+\frac{1}{12}x+\frac{1}{7}x+5+\frac{1}{2}x+4=x$$

양변에 분모의 최소공배수인 84를 곱하면

$$14x+7x+12x+420+42x+336=84x$$

가 된다.

이를 정리하면 $9x=756$이 되고, 양변을 9로 나누면 $x=84$이다.

문제 20 (1)

더하는 자연수의 개수	1	2	3	4
4의 분할	4	1+3 2+2 3+1	1+1+2 1+2+1 2+1+1	1+1+1+1
방법의 수	1	3	3	1
	총합 8			

(2)

더하는 자연수의 개수	1	2	3	4	5
방법의 수	1	4	6	4	1
	총합 16				

(3) $1+7+21+35+35+21+7+1=2^7=128$가지

> 일반적으로 n을 나타내는 방법의 가짓수는 2^{n-1}개가 된다.

문제 21 주황은 빨강(R)과 초록(G)이 혼합하여 나타나는 색으로, 빨강이 초록의 2배에 1을 더한 값이 되어야 한다.

R=255일 때 G를 1차방정식을 사용하여 구하면, $2G+1=255$, $G=127$이다. 따라서 (R, G, B)=(255, 127, 0)임을 알 수 있다.

문제 22

입체도형의 그림	다면체 이름	꼭짓점의 수 (v)	모서리의 수 (e)	면의 수 (f)	$v-e+f$
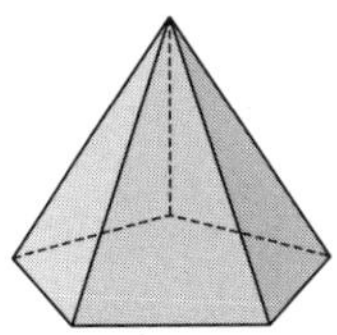	오각뿔	6	10	6	2
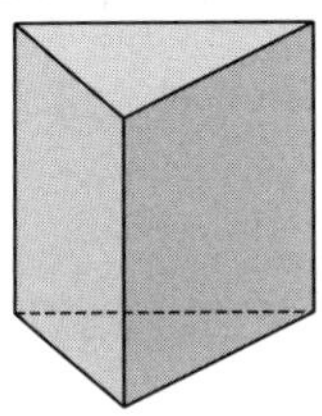	삼각 기둥	6	9	5	2
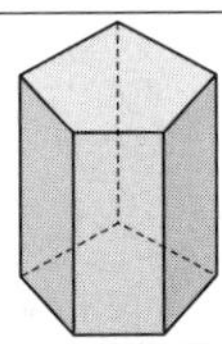	오각 기둥	10	15	7	2

따라서 각 다면체의 오일러 지표를 계산하여 보면, $v-e+f=2$이다.

문제 23

	짝수 꼭짓점의 수	홀수 꼭짓점의 수	성공 여부
그림 1	5	0	O
그림 2	3	2	O
그림 3	6	0	X

두 가지 규칙

① 짝수 꼭지점만 있다면 같은 길을 다시 지나지 않고 한 번에 갈 수 있다.

② 홀수 꼭지점이 2개라면 같은 길을 다시 지나지 않고 한 번에 갈 수 있다.

문제 24 (1) $947 = 500 + 200 + 100 + 100 + 20 + 10 + 10 + 5 + 2$이므로 9개의 분동이 필요하다. 이 중 100g, 10g은 두 번 사용되었다.

(2) $2^0 = 1$, $2^1 = 2$, $2^2 = 4$, $2^3 = 8$, $2^4 = 16$, $2^5 = 32$, $2^6 = 64$, $2^7 = 128$, $2^8 = 256$, 489g의 총 10개의 분동을 만든다. 2^0에서 2^8까지는 이진법의 자릿수를 의미한다. 즉, 이 9개의 분동을 사용하여 $1_{(2)}$부터 $111111111_{(2)} = 511$까지의 모든 무게를 측정할 수 있다. 그리고 남은 489g짜리 분동을 만들어 사용하면 1g～1000g까지 모든 무게를 측정할 수 있다.

이진법이란?

우리가 쓰고 있는 숫자는 자리가 하나씩 올라감에 따라 자릿값이 10배씩 커지도록 된 십진법이다. 이와 같은 원리로 수의 자리가 하나씩 올라감에 따라 각 자릿값이 2배씩 커지도록 수를 나타내는 방법을 이진법이라고 한다. 따라서 우리가 쓰는 십진법의 수가 9보다 1 큰 수를 10으로 쓰는 것처럼 이진법의 수 $1_{(2)}$보다 1이 큰 수는 $10_{(2)}$이다. 또, 예를 들어 십진법의 수 10은 다음과 같이 이진법으로 표기 할 수 있다.

$$10 = \underline{1} \times 2^3 + \underline{0} \times 2^2 + \underline{1} \times 2 + \underline{0} \times 1 = 1010_{(2)}$$

문제 25 삼각형 ABC의 바깥쪽 나폴레옹의 삼각형과 안쪽 나폴레옹의 삼각형을 각각 작도해 보면 다음과 같다.

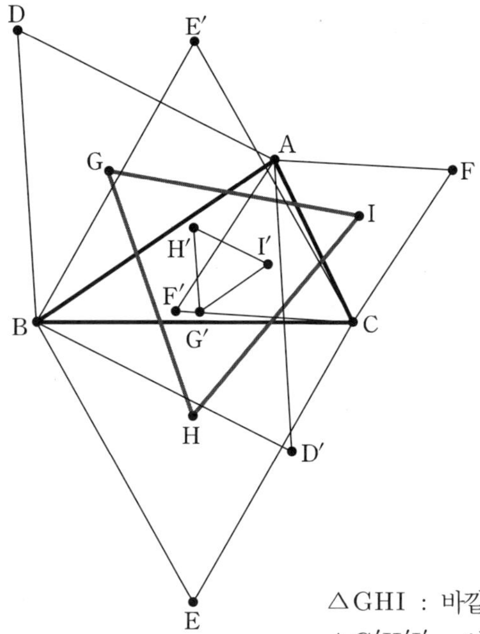

△GHI : 바깥쪽 나폴레옹 삼각형
△G′H′I′ : 안쪽 나폴레옹 삼각형

문제 26 (1) 7개의 빵을 나누는 방법은 7의 분할 수만큼 존재한다.

$$7 = 1+1+1+1+1+1+1$$
$$= 1+1+1+1+1+2$$
$$= 1+1+1+1+3 = 1+1+1+2+2$$
$$= 1+1+1+4 = 1+2+2+2 = 1+1+2+3$$
$$= 1+1+5 = 2+2+3 = 1+3+3 = 1+2+4$$
$$= 1+6 = 2+5 = 3+4$$
$$= 7$$

즉, 15가지 방법이 있다.

(2) 3개의 상자를 A, B, C라 하고 넣는 빵의 개수를 적어보면 아래 표와 같다.

A	B	C	A	B	C
7	0	0	5	1	1
6	1	0	4	2	1
5	2	0	3	3	1
4	3	0	3	2	2

3개의 상자를 똑같은 상자로 보면 상자를 구별할 필요가 없으므로 서로 다른 3개 이하의 상자에 넣는 방법은 3개 이하의 수로 7을 분할하는 것과 같다. 따라서 여덟 가지 방법이 있다.

(3) 빈 상자가 없도록 빵을 나누는 것은 3개의 수로 7을 분할하는 것이므로 네 가지이다. 즉, 빈 상자가 존재한다는 것은 3개 이하의 수로 분할하는 것이고 빈 상자가 없도록 하는 것은 3개의 수로 분할하는 것이다.

문제 27

정사각형 한 변의 길이 / 번호	5	4	3	2	1	총 수
(1)	0	0	0	1	4	5
(2)	0	0	1	4	9	14
(3)	0	1	4	9	16	30
(4)	1	4	9	16	25	55

변의 길이가 1씩 작아질 때마다 만들 수 있는 정사각형의 개수는 완전제곱수로 나타나는 것을 알 수 있다.

즉, 변의 길이가 6인 정사각형으로 만들 수 있는, 변의 길이가 자연수인 모든 정사각형의 개수는 $1+4+9+16+25+36=91$개가 된다.

문제 28 다음은 세제곱근을 입체도형이 아닌 평면도형을 이용하여 설명하는 방법이다.

먼저, 한 변이 1인 정사각형을 생각해 보자.

위 정사각형은 넓이가 1×1이므로 1^2이지만, $1\times 1=1\times 1\times 1$이므로 1^3이라고도 표현할 수 있다.

다음 그림과 같이 한 변이 1인 정사각형을 연결하면 사각형의 넓이는 2^2이 된다.

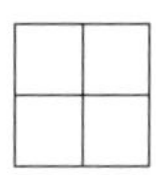

위 사각형의 한 변의 길이가 2이기 때문에 똑같은 사각형을 2개 만들어 준다. 그러면 전체 넓이가 2^3이 된다.

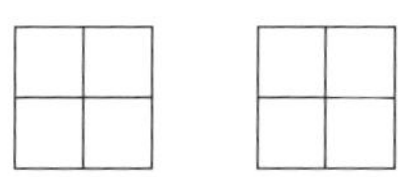

똑같은 방법으로 이번엔 한 변을 3으로 하는 다음과 같은 사각형을 만들어 본다.

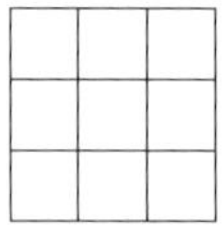

위 사각형의 한 변의 길이는 3이므로 똑같은 정사각형을 3개 그려 준다.

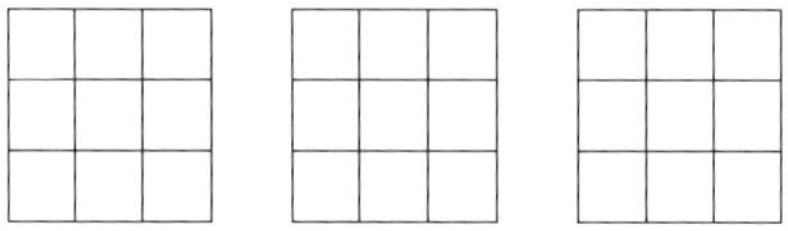

그러면 전체 넓이는 3^3이 된다.
즉, $1^3+2^3+3^3=(1\times1\times1)+(2\times2\times2)+(3\times3\times3)$이다.

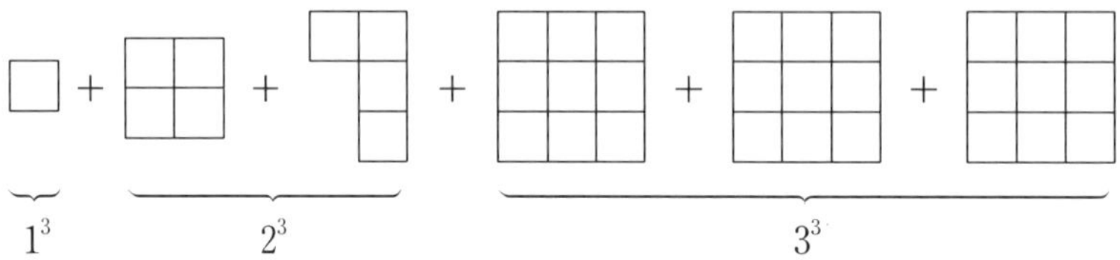

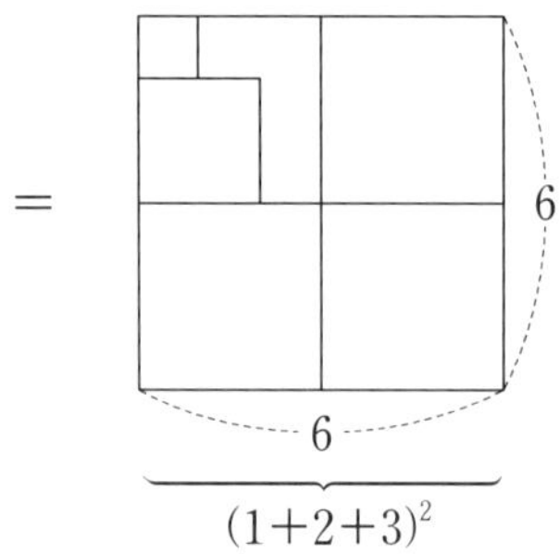

문제 29 237 × 761 겔로시아 곱셈법

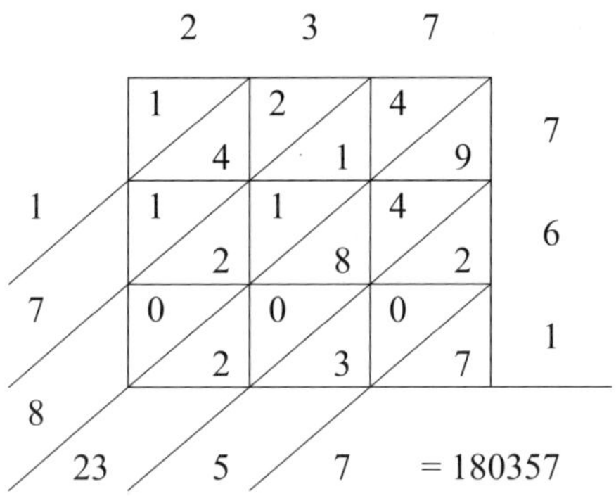

결과값 : 180357

1. 격자를 그리고 곱할 값 2, 3, 7과 7, 6, 1을 각 칸의 둘레에 쓴다.
2. 먼저 2와 7의 곱은 14이므로 첫줄 맨 왼쪽 칸에 14를 쓰는데, 1은 10의 자리이므로 대각선 위쪽에, 4는 대각선 아래쪽에 쓴다.
3. 대각선을 연장한 후 대각선 안의 수를 더하여 왼쪽 위부터 차례대로 쓴다.
4. 이 값들을 왼쪽부터 차례대로 적는데, 값이 두 자릿수인 경우 십의 자릿수는 바로 앞의 숫자 중 일의 자릿수와 더하여 적는다(1, 7, 8+2, 3, 5, 7). 이번에는 8도 2가 더해져 올림이 발생하므로, 그 앞자리인 7에 1을 더해서 계산을 한다.
5. 나온 값들을 순서대로 나열하면 결과값이 나타난다.

문제 30 $2^{64} - 1 = 18{,}446{,}744{,}073{,}709{,}551{,}615$회

원판 1개	1회 $2 - 1$
원판 2개	3회 $2 \times 2 - 1$
원판 3개	7회 $2 \times 2 \times 2 - 1$
원판 4개	15회 $2 \times 2 \times 2 \times 2 - 1$
원판 5개	31회 $2 \times 2 \times 2 \times 2 \times 2 - 1$
⋮	⋮
원판 64개	총 $2^{64} - 1$회

문제 31 기사의 내용에 따라 다음과 같이 그 원리를 찾아볼 수 있다.

두 수를 $100-a$와 $100-b$로 각각 나타낼 때, 그 곱의 결과는 100에서 $a+b$를 뺀 값에 100배를 하고 그 결과에 ab를 더하여 구할 수 있다.

즉, 이것은 곱셈공식 $(x+a)(x+b)=x^2+(a+b)x+ab$을 이용하여 두 수의 곱을 나타내면

$$\begin{aligned}(100-a)(100-b) &= 100^2-100(a+b)+ab \\ &= 100\{100-(a+b)\}+ab\end{aligned}$$

와 같이 정리할 수 있다.

95×94의 경우 $(100-5)(100-6)$이 되므로 $a=5$, $a=6$이라 할 수 있다. 이 때, $a+b=5+6=11$, $ab=5\times6=30$이므로

$$95\times94=(100-11)\times100+30=8930$$

참고 문헌

고호경 · 고상숙 (2006). 청소년을 위한 서양 수학사. 서울: 두리미디어.

고호경 외 (2013). 중학교 수학과 타 교과 융합형 교육내용, 방법, 평가체제 개선 모델 개발. 한국교육개발원.

김군찬 (2008). 역사적인 증명, 해법, 사건들로 보는 수학사. 서울: 경문사

김리나 (2008). 주니어수학사 누가, 왜 수학을 만들었을까? 서울: 휴머니스트.

김화영 (2006). 교과서를 만든 수학자들. 서울: 글담.

송륜진 (2008). 디오판토스가 들려주는 1차방정식 이야기. 서울: 자음과 모음.

송은영 (2007). 교과서 밖에서 배우는 재미있는 수학 상식. 서울: 맑은창.

육인선 · 심유미 · 남상이 (2007). 수학은 아름다워: 수학시간에 딴짓하는 우리들을 위하여. 서울: 동녘.

홍갑주 (2008). 아르키메데스가 들려주는 무게중심과 회전체이야기. 서울: 자음과 모음.

하워드 이브스 (2005). 수학사(이우영 · 신항균 역). 서울: 경문사.

EBS - 마테마티카/수학의 원리

EBS - 마테마티카/생활 속 수학이야기

수학의
참 재미를 찾아줄
수학오디세이

고양이 펜로즈, 수학에 빠지다

테오니 파파스 지음 | 이은희 옮김 | 134쪽

어, 이 숫자의 배열은 무슨 의미이지, 사각형의 종이가 새가 되어 날아가버렸어… 현대 수학의 묘미에 푹 빠진 펜로즈의 활약상.

대한민국 초등학생, 논리로 수학 뚝딱!

정승진 지음 | 240쪽

어린이 문화진흥회 선정 좋은 어린이 책

논리가 부족한데 수학을 잘할 수 있을까?
계산하는 수학이 아닌 생각하는 수학, 수학 교과서에서는 절대 가르쳐주지 않는 수학 개념과 원리를 찬찬히 살펴볼 수 있는 책.

논리퍼즐

류성림, 지경구, 박기훈 지음 | 270쪽

머리를 쓰면서 재미도 느낄 수 있는 논리퍼즐은 수학 기호가 거의 사용되지 않아 수학에 심한 거부감을 느끼는 사람이라도 즐겁게 해결할 수 있는 큰 장점이 있다. 물론 연역 추론을 할 때는 어느 정도 기호를 사용하기도 하지만 퍼즐을 해결할 때는 머릿속에서 논리적으로 추론이라는 사고작용을 많이 한다고 볼 수 있다.

도형퍼즐

류성림, 이학로, 김민정 지음 | 310쪽

도형퍼즐의 특징은 공간 지각력과 도형을 대하는 눈높이를 높여준다는 점에 있는데, 복잡한 수학적 지식보다는 이리저리 그림을 연구해 봐야 답이 나오는 문제들이 많다. 이것은 퍼즐의 특성인 '누구나 쉽게, 그리고 재미있게 즐기기'를 실현하기 위해서이다.

랄리타의 판타지 숫자 여행

사쿤탈라 데비 지음 | 유나영 옮김 | 176쪽

어린이 문화진흥회 선정 좋은 어린이 책
수학시험에서 빵점을 맞은 랄리타는 집에 가는 길에 신기한 숫자의 나라로 떠나게 된다. 그곳에서 랄리타는 어떤 일을 겪을까? 어떻게 하면 랄리타가 수학을 좋아하게 될까?

만화 셈도사 베레미즈의 모험 1, 2

말바 타한 지음 | 이정태 그림 | 이혜경 옮김 | 184쪽, 188쪽

재미있는 만화 속에는 수학의 역사, 0의 탄생, 체스의 기원, 기하학 등 다양한 수학의 세계가 소개되어 있다

빙글빙글 수학 놀이공원

이바스 피터슨 · 낸시 헨더슨 지음 | 송명진 옮김 | 164쪽

2005년 서울시교육청 추천도서
수학 놀이공원이 새로 문을 열였습니다. 프랙털 숲속에서의 산책, 뫼비우스 롤러코스터, 어질어질 회전 팽이 차에 숨어 있는 아찔한 수학 원리.

세종대왕도 수학 공부를 했을까

장혜원 지음 | 168쪽

제31회 한국과학기술도서상
오늘날의 수학이 있기까지 어떻게 발달하고 변화해 왔는지 알아보는 것은 선조들의 수학적 업적이나 수학 탐구 방식을 알아 간다는 것에 의미가 있을 뿐만 아니라 결과적으로 오늘날 우리가 배우는 수학적 지식의 근원을 생각해보고 비교해볼 수 있는 좋은 기회가 될 것이다.

셈도사 베레미즈의 모험

말바 타한 지음 | 이혜경 옮김 | 320쪽

2003년 교보문고 좋은책 선정도서
2003년 '책으로 따뜻한 세상 만드는 교사들' 권장도서
페르시아 한 마을의 목동 베레미즈가 부와 명예, 그리고 아름다운 텔라심의 사랑을 얻기까지의 흥미롭고 감동이 있는 모험기.

수학, 별거 아냐!

매릴린 번스 지음 | 이은희 옮김 | 258쪽

2005년 서울시교육청 추천도서
수학 공포증에 사로잡힌 아이들의 두려움을 한순간에 날려버릴 수학 교육법!
지난날 우리가 수학을 배웠던 방법은 세대를 거듭해 수학 공포증을 재발시키고 있다. 이 책은 사람들의 수학 공포증을 극복하고, 나아가 자녀나 가족, 친구들의 수학 병을 치료할 수 있도록 도와주는 첫걸음이 될 것이다.

숫자퍼즐

류성림, 김경탁, 서지수 지음 | 374쪽

숫자퍼즐은 대부분 정수의 성질을 이용한 것이다. 그리고 그 유형으로는 크게 수의 규칙 퍼즐, 연산 퍼즐, 복면산 퍼즐, 수의 특징 퍼즐, 고대의 수 퍼즐, 식 만들기 퍼즐, 분수와 소수 퍼즐, 마방진 퍼즐, 문제해결 퍼즐 등으로 분류할 수 있다.

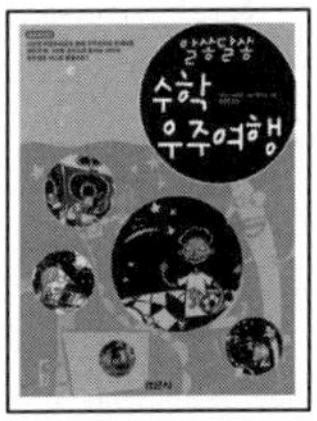

알쏭달쏭 수학 우주여행

이바스 피터슨 · 낸시 헨더슨 지음 | 송명진 옮김 | 166쪽

2005년 서울시교육청 추천도서
우주 한가운데를 뚫고 날아가는 신나고 멋진 여행! 어느 날 이상한 카운트다운과 함께 우주선으로 변해버린 미미의 작은 방. 소행성에 불시착한 미미는 숫자 외계인과 멋진 야구 경기 한판을 하게 되는데….

일본주니어 수학 올림피아드

박진석, 김향숙, 이성애, 하형수 엮음 | 320쪽

이 책은 일본주니어 수학올림피아드에 출제된 실제 문제를 우리 학생들이 쉽게 이해할 수 있게 완벽한 풀이를 하였다. 또한 우리나라 교과과정에 맞게 개념을 정리하였으며 유사문제를 수록하여 특목고 진학을 대비하는 학생들에게 좀더 다양한 문제를 접할 수 있게 구성하였다.

초등영재를 위한 수학노트–문자와 식

정완상 지음 | 208쪽

수학에서는 수 대신 문자를 사용하는 경우가 있다. 문자는 a, b, c 등과 같은 알파벳을 사용한다. 수의 사칙연산은 다시 수가 되지만 문자들의 사칙연산은 새로운 문자들로 표현되는데, 이렇게 문자들에 의해 쓰인 식을 문자식이라고 부른다. 이 책에서는 여러 종류의 문자식을 다룬다.

초등영재를 위한 수학노트–수

정완상 지음 | 192쪽

이 책은 기본적인 개념을 설명하고 어린이들이 빈칸을 채워나가면서 수학적인 명제를 증명해보는 과정과 개념을 이해한 어린이들이 쉽게 해결할 수 있는 문제들로 이루어져 있다.

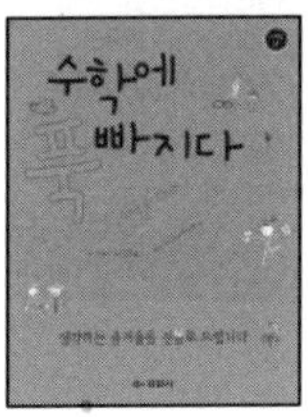

수학에 푹 빠지다 시리즈(전 5권)

김정순 지음

1권 약수와 배수
2권 분수와 소수
3권 선과 평면
4권 비와 비계, 5권 입체도형 출간 예정